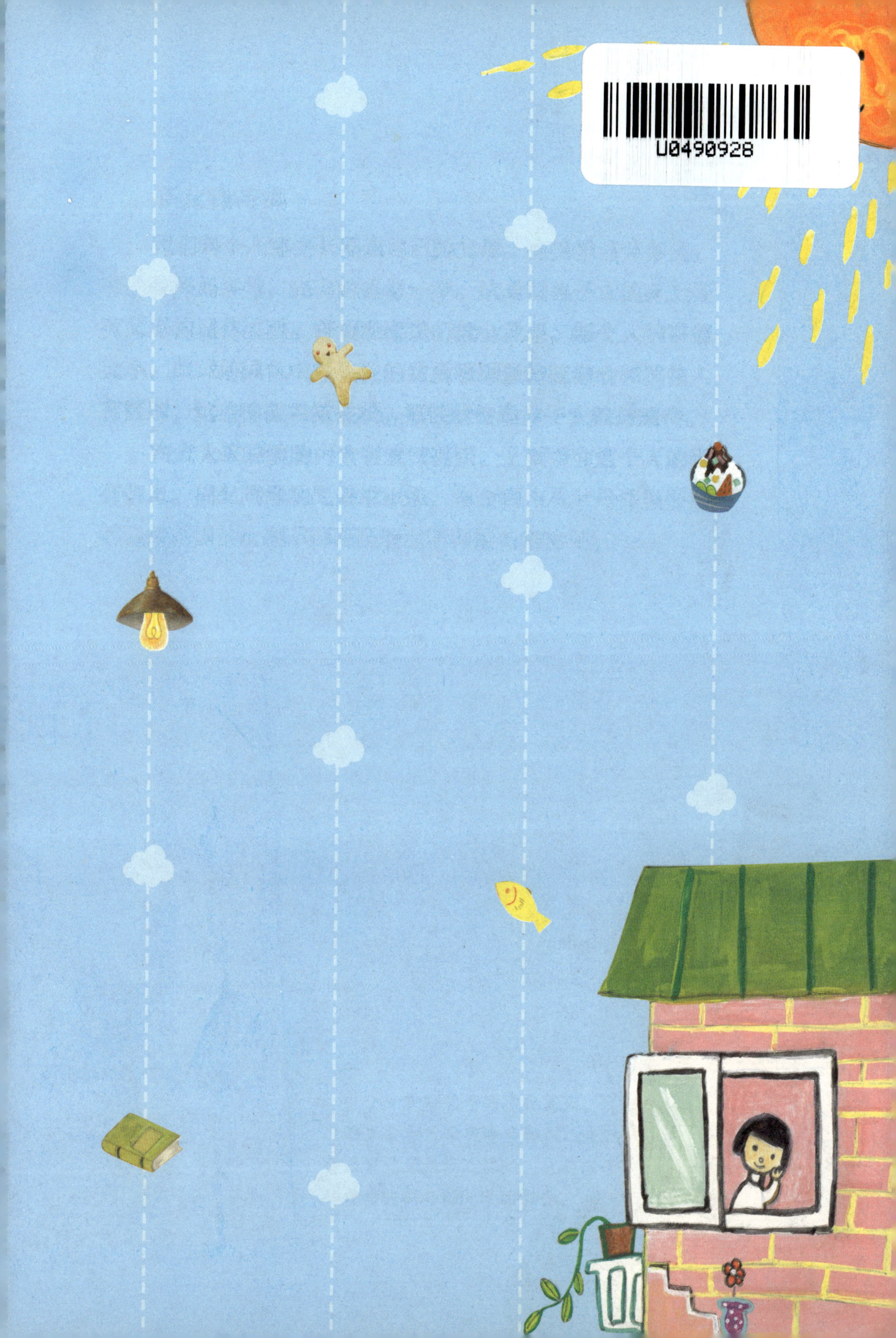

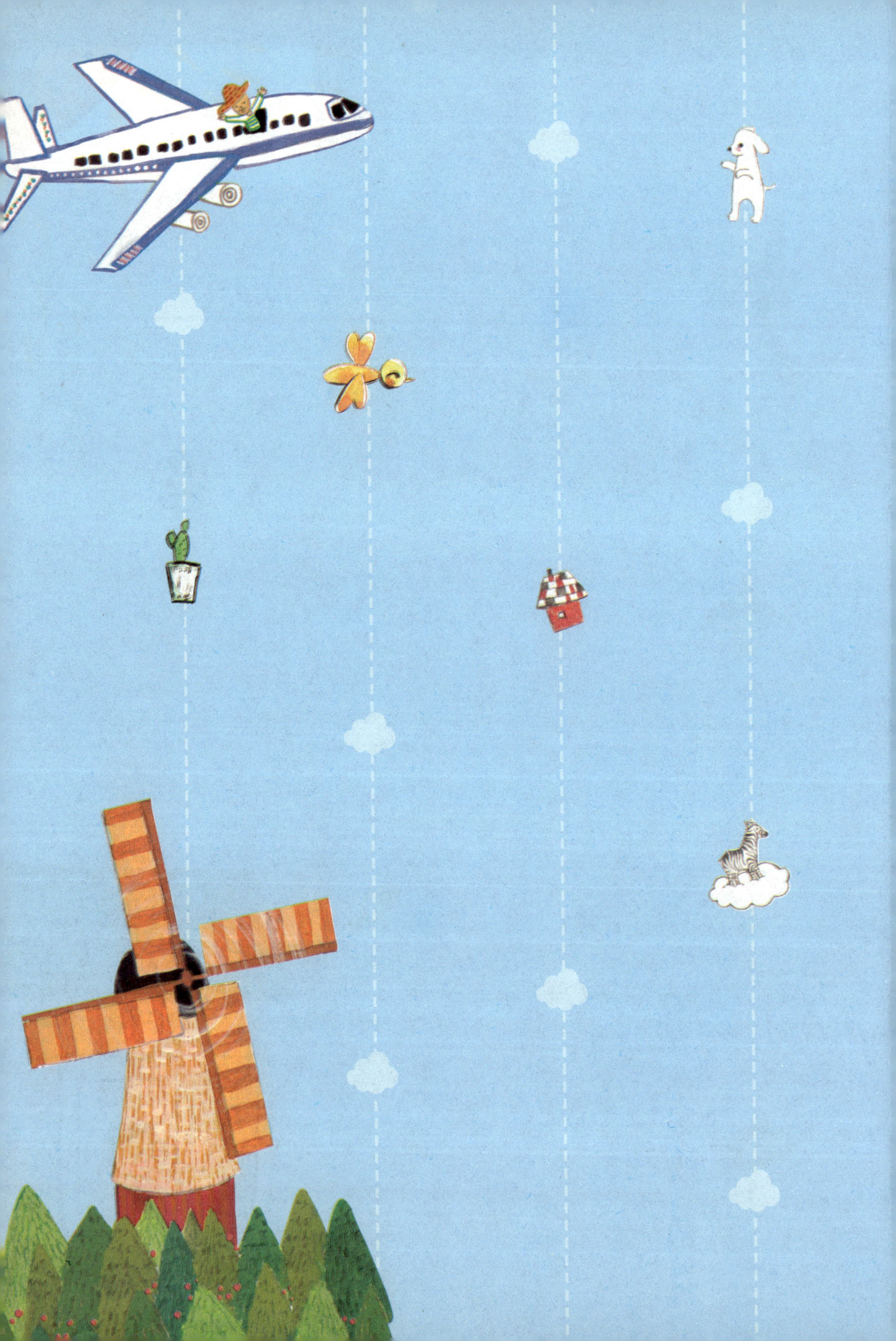

02

化学科学馆

［韩］金江振 著　［韩］金恩珍等 绘　巩春亭 译

华夏出版社
HUAXIA PUBLISHING HOUSE

图书在版编目（CIP）数据

化学科学馆 /(韩) 金江振著；巩春亭译. —北京:华夏出版社, 2016.1
（图画科学馆）
ISBN 978-7-5080-8682-8

Ⅰ.①化… Ⅱ.①金… ②巩… Ⅲ.①化学－少儿读物 Ⅳ.①O6-49

中国版本图书馆CIP数据核字(2015)第288076号

Copyright AGAWORLD Co.,Ltd,2011
First published in Korea in 2011 by AGAWORLD Co., Ltd.
版权所有　翻印必究

化学科学馆

作　　者	[韩] 金江振
绘　　画	[韩] 金恩珍 等
译　　者	巩春亭
责任编辑	陈　迪　王占刚
出版发行	华夏出版社
经　　销	新华书店
印　　刷	永清县晔盛亚胶印有限公司
装　　订	永清县晔盛亚胶印有限公司
版　　次	2016年1月北京第1版 2016年1月北京第1次印刷
开　　本	710×1000　1/16开
印　　张	22
字　　数	105千字
定　　价	58.00元

华夏出版社　网址：www.hxph.com.cn 地址：北京市东直门外香河园北里4号 邮编：100028
若发现本版图书有印装质量问题，请与我社营销中心联系调换。电话：（010）64663331（转）

我是书的小主人

姓名 ....

年级 ....

写给小朋友的一封信

嗨，小朋友！

你好！

你是不是也和我一样，一直梦想着当一名科学家呢？你是不是看到生活中的许多现象都不理解，比如说，为什么船能浮在水面上不沉下去？为什么到了冬天水会结成冰？为什么我们长得像爸爸妈妈？为什么我们吃饭的时候挑食不好？这些知识我们怎么知道呢？为了考试看课本太枯燥了，有时候跑去问爸爸妈妈，他们摇摇头解释不清楚，这可怎么办呢？

现在，我们请来了世界闻名的大科学家来回答你的问题，有世界上最聪明的人爱因斯坦老师、被苹果砸到头发现万有引力的牛顿老师、第一位获得诺贝尔奖的女性居里夫人、发明了飞机的莱特兄弟……这些大科学家什么都知道。有什么问题，通通交给他们吧！

亲爱的小朋友，你准备好了吗？让我们一起去欣赏丰富多彩的科学大世界吧！

你的大朋友们
"图画科学馆"编辑部

编辑推荐

　　小朋友的科学素养决定着他们未来的生活质量。如何培养孩子们对科学的兴趣，为将来的学习打下良好的基础呢？好奇心是科学的起点，而一本好的科普读物恰恰能通过日常生活中遇到的问题、丰富多彩的画面以及轻松诙谐的语言激发孩子们对科学的好奇心。

　　在"图画科学馆"系列丛书中，我们精心选择了28位世界著名的科学家，请他们来给小朋友们讲述物理、化学、生物、地理四个领域的科学知识。这个系列从孩子的视角出发，用贴近小朋友的语言风格和思维方式，通过书中的小主人公提问和思考，让孩子们在听科学家讲故事的过程中，在轻松有趣的氛围中，不知不觉就学到了物理、生物、化学、地理方面的科学知识，激发孩子们对科学的好奇心和探索精神。

　　让这套有趣的科学图画书陪孩子思考，陪孩子欢笑，陪孩子度过快乐的童年时光吧！

目 录

居里夫人讲物质

玛丽·居里 / 2
粉末也是固体哟 / 10
温度不同，水会发生什么变化？/ 46
研究构成世界的物质 / 34
试图发明炼金术 / 36
物质具有三种形态 / 38
生活中的居里夫人 / 42

拉瓦锡讲火

安托万–洛朗·拉瓦锡 / 50
没有氧气，火就会熄灭 / 62
想让火烧得更旺，都需要什么条件呢？/ 94
火的含义 / 82
火能制成艺术品 / 84
物质的燃烧需要氧气和适当的温度 / 88
请给我一点时间 / 92

卡文迪什讲水

亨利·卡文迪什 / 98
水蝇可以漂在水面上 / 118
海神波塞冬和水神欧申纳斯 / 130
江河湖泊是人类文明的发祥地 / 132
水可以转化成水蒸气、冰块 / 134
节约用水小方法 / 138
卡文迪什小故事 / 140
水结成冰会怎样呢？/ 142

路易斯讲酸碱

吉尔伯特·牛顿·路易斯 / 146
肥皂是一种弱碱 / 164
怎样才能判断酸性和碱性呢？/ 190
找一找食物中的酸 / 178
利用酸的性质 / 180
了解溶液的性质 / 184
杰出的"伯乐" / 188
用醋泡食物 妙处多多 / 182

道尔顿讲原子

约翰·道尔顿 / 194
碳原子站队的方式不一样 / 210
利用放射能 / 226
对原子的研究 / 228
物质的构成 / 230
棕灰色还是樱桃红色？/ 234
爱因斯坦与原子弹 / 236
水也是由原子构成的吗？/ 238

托里拆利讲空气

埃万格利斯塔·托里拆利 / 242
空气里含有多种气体 / 264
碳酸饮料里面有二氧化碳 / 274
清新的空气，健康的身体 / 276
大气压在生活中的应用 / 278
空气很珍贵 / 282
真的有空气吗？/ 286

摄尔修斯讲温度

安德斯·摄尔修斯 / 290
室内温度要适当 / 304
温度，让食物更美味！/ 322
最寒冷和最炎热的地方也有人类居住 / 324
生活和温度息息相关 / 326
春捂秋冻 / 330
变温动物 / 332
温度计是用什么原理制成的？/ 334

图画
科学馆　化学

居里夫人 讲
物质

玛丽·居里

(1867—1934)

居里夫人出生在波兰华沙，她曾经在法国索邦大学学习数学和物理，毕业之后与她的同事、著名的科学家皮埃尔·居里结婚，一同致力于放射能的研究。在研究中，她发现了放射性元素钋和镭，并因此获得了诺贝尔物理学奖。后来，她的丈夫在一次事故中不幸去世，但居里夫人并没有停下研究的脚步，最终精确得出了镭的原子量，并凭此获得了她人生中的第二个诺贝尔奖。

　　世界上所有的东西都是由物质构成的。我们的书桌和衣橱是由木材构成的，鱼缸和花瓶是由玻璃构成的，钉子和剪刀则是由金属构成的。物质的种类繁多，但大部分都具有固体、液体和气体三种形态。

　　世界上还有好多人类目前还没有发现的物质。居里夫人通过自己的不断努力，发现了人类所不知道的新物质。下面，就让我们和居里夫人一起，了解一下物质以及物质的三种形态吧。

"小民，快点啦，不然要迟到了。"秀秀在冰淇淋店门口，大声地喊着小民。

"我一路跑着过来，又热又渴！让我吃个冰淇淋再走不行吗？"

"不行。马上要上课了。"

秀秀和小民急急忙忙地赶往居里夫人的"儿童科学教室"。

"知道了。居里夫人的课是不能迟到的。"小民一边把冰淇淋塞到书包里，一边跟着秀秀朝学校跑去。

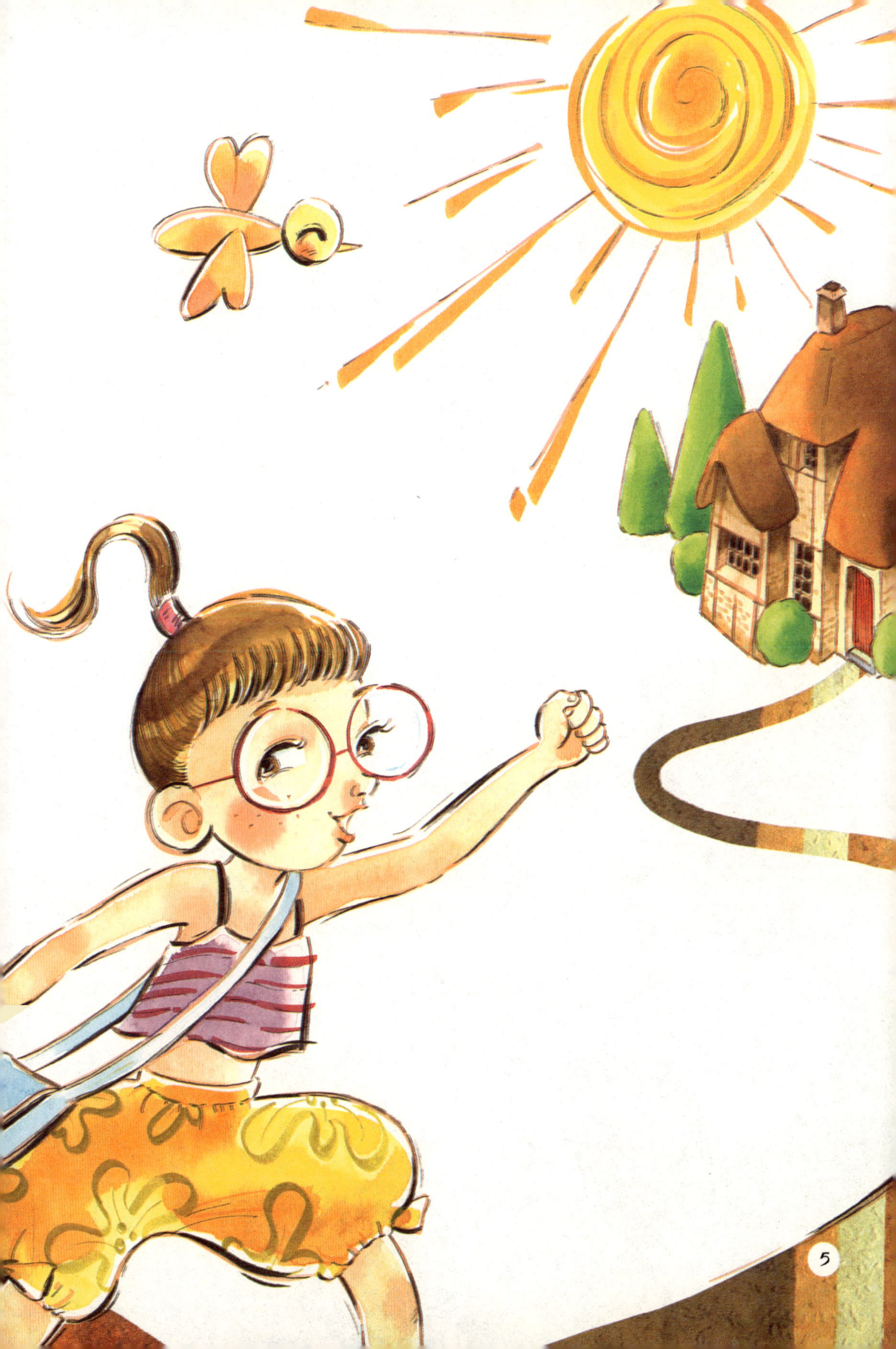

"小朋友们表现得真不错,今天都到齐了。从今天开始,我们来学习物质的三种形态。有谁愿意给大家说说,物质是什么呀?"居里夫人问道。

秀秀倏地把手举了起来,抢着说:"像木材啊,金属啊,塑料啊,这样的东西都是物质。"

"答对了。那么物体是什么呢?"

"是……"大家都答不上来。

"好的,大家听我讲。我们坐着的椅子是木材做的。像椅子一样具有某种形态的东西叫做物体,而像木材一样能制造成物体的材料叫做物质。"

椅子是物体，它是由木材这种物质制作而成的。

玩具汽车是物体，它是由塑料这种物质制作而成的。

"物质大体呈现三种形态：固体、液体、气体。固体是硬的，形状是一定的，我们用手能摸得到。有哪些东西是固体呢？小敏，你来说一下好吗？"居里夫人又提出一个问题。

"石头和铁都是固体。"峻贺抢着大声地回答道。

"冰也是固体。"

"是的，大家知道得很多呀。下面我们来一起了解一下液体。"

石头

冰

铁

看漫画学科学

粉末也是固体哟

妈妈，面粉是固体呢，还是液体呢，还是气体呀？

面粉、白糖、盐这样的东西都叫做粉末，粉末是一种固体。

小春，你洗手了吗？

❶

把粉末状的物质放到适量的水里，轻轻地搅拌，就很容易和其他粉末物质混合到一起，再经过揉搓，就可以做成形状各异的固体了。

原来是这样啊！

炸面圈都做好啦，现要均匀地撒上白糖哦

❹

10

原来是这样啊。妈妈，您在做炸面圈吗？让我也试一试吧。
2
我洗完手了，现在可以做了吧？但是我们怎么把粉末做成各种形状呢？
3
好的，我喜欢吃甜甜的炸面圈。妈妈，要多放一点白糖哦。
5
呃，炸面圈太咸了。
瞧你毛手毛脚的，居然把盐当成白糖了。
6

"液体是流动的,用手抓不住,它的形状是由盛它的容器的形状决定的。"

居里夫人把书桌上盛满水的玻璃杯拿了起来。

"水是我们常见的液体,如果把这个玻璃杯里的水倒进咖啡杯里,它的形状就会变化。"

孩子们你一句我一句地说起来。

"牛奶和果汁会像水一样流动,所以它们也是液体。"

"妈妈做饭时用的食用油也是液体。"

"真聪明,你说对了。下面我们来了解一下气体。"

水、牛奶和果汁这些液体的形状,是由盛放它们的容器决定的,容器的形状就是液体的形状。

"气体和固体、液体不同,它是看不见也摸不着的,但是我们可以感觉得到。刮风的时候头发是不是会飘起来呀?空气移动时,就形成了风。"

这时,小敏捏着鼻子叫了起来:"呃,好臭啊!老师,峻贺放屁了。"

"嘿嘿,我正想着气体呢,不自觉地用了一点劲儿,就……"

居里夫人笑着说:"屁也是气体,它是食物在消化过程中产生的气体。"

15

"但是物质为什么会分为固体、液体和气体三种呢？"居里夫人又问道。

孩子们都回答不出来居里夫人的问题。

居里夫人慈爱地看了看满脸疑惑的孩子们说："物质的形态是由构成物质的小粒子决定的。固体状态下，粒子相互紧密地聚集在一起，几乎没有能动的空隙，所以形状是固定不变的。与固体状态相比，液体状态下的粒子能自由地活动，所以形状是能变化的。气体状态下，粒子可以非常自由地活动。我们看不到气体，是因为这些粒子间的距离太远了。"

固体

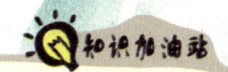

分子非常小

物质不断地分裂,就会变成决定物质性质的粒子,这种粒子叫做分子。由于分子很小,所以我们用肉眼是看不到的。根据温度和压力的不同,分子的存在方式也有所不同,它们会呈现出固体、液体和气体三种状态。分子间的距离变近或变远,都会影响物质的形态。

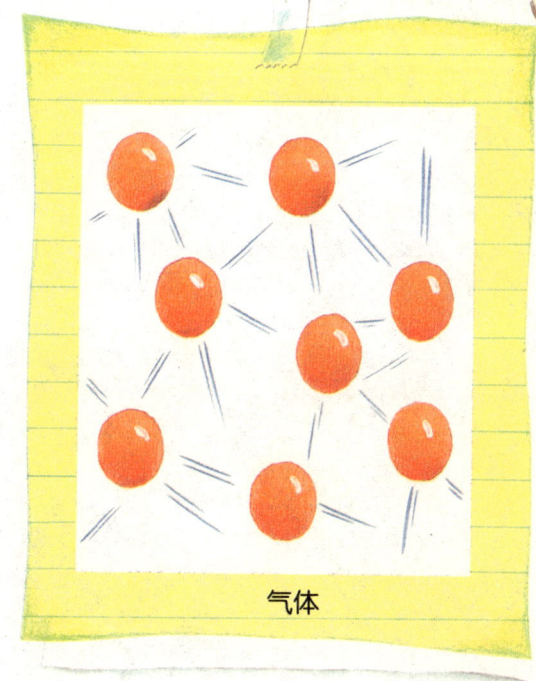

气体

液体

"到现在为止,我们已经了解了物质的三种形态,但是,物质的形态并不是一成不变的。如果把固体状态的冰放到温暖的地方,冰就会变成液态的水,而水煮沸之后,就变成了水蒸气,飞到空气里了。所以说,物质的形态是根据温度的变化而变化的。"

冰(固体)

水蒸气（气体）

水（液体）

"那么，固体会变为液体吗？孩子们，你们能举出这样的例子吗？"

秀秀马上举起手来："蜡烛点燃之后，会化成蜡泪流下来，蜡泪是液体。"

小民也赶忙举起手来说："黄油在煎锅里会化成液体。"

"你们都说对了。温度升高的话，构成固体的粒子之间的距离会逐步变大，粒子开始自由运动起来，这样一来，固体就成为了液体。固体转化为液体的这个过程叫做熔化。"

固体的蜡烛用火点着，蜡烛就会熔化，变成液体蜡泪流了下来。

抹在面包上吃的黄油是固体，把黄油放在火上烤，就会熔化成液体。

"相反的,液体也能变成固体。蜡泪变凉后重新凝结为固体,把果汁放到冷冻室里,它们会结冰变成果冰。温度降低的话,那些构成液体的粒子会聚集到一起变成固体,这种过程叫做凝固。"

雨水或是雪水从屋檐上滴落下来，凝结成冰，就成了冰凌。也就是说，液体变成了固体。

"下面,我们来看一下液体变成气体的情况。温度升高的话,液体会进一步变成气体,这是粒子进一步加速运动,变得更加自由的结果。"

"液体变成气体的过程叫做汽化。太阳出来的时候,把洗好的衣服拿出来晒,衣服很快就晒干了。这是因为衣服里残留的水分,遇到了暖暖的阳光之后,变成了气体,飞到空气中去了。"

居里夫人环视着孩子们解释道。

汤炖得时间久了,汤汁会越来越少,这是因为汤汁里的水分变成了气体,飞到了空气中。

鱼缸里的水时间长了也会变少,这是因为水挥发变成气体,飞到了空气里。

"气体转化为液体的过程叫液化。水烧开了会变成水蒸气,水蒸气遇冷又会变成水。温度降低的话,气体中自由运动的分子会聚集在一起,最终变成液体。在寒冷的天气里,我们从户外走到屋子里面时,眼镜片上是不是会蒙上一层水雾啊?这是因为温暖空气中的水蒸气突然遇到冰凉的镜片,凝结成了许多微小的水滴。"

清晨，我们有时会看到树叶和草叶上的露珠，它们就是空气里的水蒸气遇冷凝结成的水滴。

"但是固体不经过转化成液体的过程,直接转化成气体的情况也是有的,这样的过程叫做升华。与这种情况相反,气体直接转化为固体的情况也是有的,这样的过程叫做凝华。包装冰淇淋时用的干冰渐渐变小,或是放在衣橱里的樟脑球慢慢变小,这些都是固体转化为气体的例子。"

固体的樟脑球没有经过转化为液体的过程,直接变成了气体。

固体的干冰没有经过转化为液体的过程,直接变成了气体。

霜是空气里的水蒸气没有经过转化为液体的过程，直接落在了地上和树叶上变成的粉末状的冰。

冰花是空气里的水蒸气没有经过转化为液体的过程，直接在玻璃或墙上结成的冰。

"好，今天的课就到这里。大家回家以后，要好好观察一下周围的物质啊。好奇心是科学最好的起点。"居里夫人微笑着与孩子们道别。

"居里夫人的课太有意思了。"

"我以后也要变成像居里夫人一样优秀的科学家！"

孩子们唧唧喳喳地说着话，走出了科学教室。

知识加油站

物体的体积变化

物质的形态发生变化，它的体积也会随着变化。

固体变为液体，粒子之间的距离拉大，因此体积也就变大了。液体变为气体，粒子之间的距离会变得更大，所以体积相应会变得更大。液体变为固体，气体变为液体的情况则刚好相反，体积会随之缩小。

回家的路上,小民一边走着一边自言自语:"蛋糕是固体,黄油是固体!雪碧是液体,可乐也是……"

"喂,小民啊,你刚才买的冰淇淋吃完了?"

秀秀一问,小民赶忙把冰淇淋从包里拿了出来。

"哎呀,都化了!"

秀秀赶忙安慰快要哭了的小民说:"没关系啦!冰淇淋只不过是从固体变成液体了。只要把它放到冷冻室里,它会再变回固体的。"

"对啊,温度降低的话,液体会变成固体的呀。"

小民和秀秀有说有笑地回家了。

33

阅读课

研究构成世界的物质

数千年前，人们就想知道世界是由什么物质构成的。古希腊的哲学家泰勒斯曾说过："万物的根源是水。"古希腊的另一位哲学家阿那克西美尼认为："空气是万物的根源。"

这些主张后来被恩培多克勒和亚里士多德发展成了四元素说。

恩培多克勒主张四元素说

恩培多克勒是古希腊的哲学家、政治家、诗人。在他的长诗《论自然》中，他认为所有的物质都是由水、火、土、空气四种元素构成的。这四种元素因为"爱"和"战争"这两种力量结合、分裂，从而产生了所有的物质。恩培多克勒的四元素说得到了柏拉图、亚里士多德等人的继承和发展。在道尔顿的原子说提出之前，四元素说是西方人们对物质的根本认知。

亚里士多德发展了四元素说

亚里士多德是柏拉图的弟子、古希腊的哲学家。他与柏拉图都是古希腊杰出的哲学家代表。他的研究涉及物理学、化学、动物学、政治学、伦理学、哲学等多个领域，他的研究对西方各个学科的发展有着深远影响。亚里士多德认为：水、火、土、空气这四种元素都具有热、冷、干、湿这四种性质中的两种。根据它们结合方式的不同，产生的物质也不同。

亚里士多德的四元素说在很长一段时间内被认为是真理。

试图发明炼金术

炼金术就是提炼和制造黄金的技术。很早以前，人们一直想方设法地寻找制造黄金的技术，但是一直没有成功。在化学学科发展之前，人们一直认为通过炼金术可以制造出黄金。

炼金术推动了化学的发展

炼金术最早发源于埃及，后来经过波斯、叙利亚等国家传入了欧洲，并在欧洲广泛流传开来。很多人开始沉迷于此，都想着能从铁这样的廉价金属里提炼黄金，一下子变成大富翁。渐渐地，这些炼金术士认为通过炼金，不仅可以提炼出黄金，甚至还可以炼制出长生不老药。虽然他们最终没有制造出黄金，也没有制造出长生不老药，但少数炼金术士却通过实验发现了新物质，并制造出了新药品。这些都推动了化学的发展。

寻找"贤者的石头"

"贤者的石头"是中世纪炼金术士们认为可以变成黄金的一种材料,又被称为"哲学家的石头"。炼金术士们为了找到这种神奇的石头,把各种各样的物质拿来熔化、混合,但最终都没有找到"贤者的石头"。

炼金术士们为了制造出黄金,做了许多实验。

小书桌

物质具有三种形态

我们在前面接触到了有关物质的各种形态和性质的知识。大家可以试着观察一下周围的物质，并按照物质形态的不同进行分类，了解物质在不同形态下的特征。

液态的水凝结后变成固态的冰。

像金属这样的坚硬固体，形状是不容易改变的。

钻石是比金属更坚硬的固体。

固体是硬的

固体是指形状固定、大小固定、不能流动、用手可以抓得住的物质。冰、石头、金属等物质都是固体。虽然固体的形状不容易改变，但是有的固体也很容易断裂，比如树枝和玻璃。但是像金属这样的固体，我们如果不用很大的劲，很难改变它们的形状。金属虽说很坚硬，但还有比金属更坚硬的固体，那就是钻石。大人们佩戴的光彩夺目的项链和戒指等首饰，有好多都是用钻石做的。钻石的质地非常坚硬，所以常被人们用来切割金属。

液体是流动的

　　有固定的大小，形状随着盛它的容器的变化而变化，具有流动性，用手抓不住的物质叫做液体。水、牛奶、油都是液体。虽然所有液体都有流动的特征，但有的液体流动性弱，有的强，比如说，水和牛奶比油和油漆的流动性强。液体还有溶解其他物质的特征。把盐放进水里，是不是就形成了盐水？但是有一些物质是不能被溶解的。例如，把油倒进水里，我们会发现油没有溶解在水中，而是浮在水面上。

牛奶、果汁的流动性比油漆好。

气球里充满了氦气，氦气比空气轻，所以气球可以在空中飘动，不会落到地上。

气体是会飞的

气体是形状和大小都不固定、具有流动性、用手抓不住的物质，比如说，空气、煤气都是气体。气体没有形状，所以用眼睛很难看到，只能通过气味来分辨，但有些气体没有气味。气体虽然很轻，但是还是有重量的。气体中重量最轻的是氢气，我们现在也能够测出来。游乐园卖的气球能飘在空中，是因为里面充了氦气，氦气比空气轻。

名人故事

生活中的居里夫人

简朴生活

　　1895年，在居里夫人和皮埃尔·居里结婚时，新房里只有两把椅子。皮埃尔·居里觉得椅子太少，想要再买几把，要不然客人来了没地方坐，居里夫人却说："还是别买为好，要不然客人会待很久。还是多省点时间搞研究吧。"

从1953年起，居里夫人的年薪已经达到4万法郎，但她照样精打细算。她每次从国外回来，总要带回一些宴会上的菜单，因为这些菜单都是质量非常好的纸片，在背面写字很方便。难怪有人说居里夫人一直到去世那天都"像一个为生活奔波的贫穷妇人"。

有一次，一位美国记者寻访居里夫人，他走到村庄里一座渔家房舍门前，向一位赤脚坐在门口石板上的妇女打听居里夫人的住处，当这位妇女抬起头时，记者惊讶地发现：原来她就是居里夫人。

淡泊名利

居里夫人非常有名，但她一生将名利看得很淡。她在一生中曾获得各种奖金、奖章和荣誉，对此，她全不在意。有一天，她的一位朋友来她家做客，忽然看见她的小女儿正在玩英国皇家学会刚刚颁发给她的金质奖章，于是惊讶地说："居里夫人，能够得到一枚英国皇家学会的奖章，是很多人极为渴望的事，你怎么能将这么宝贵的奖章给孩子玩呢？"居里夫人笑了笑说："我是想让孩子从小就知道，荣誉就像玩具，只能玩玩而已，如果看得太重，这一生将会一事无成。"

教女有方

居里夫人有两个女儿。她十分关注女儿的早期智力开发。早在女儿不足周岁的时候,居里夫人就对孩子们进行幼儿智力体操训练,有意让孩子们多接触陌生人,还带她们去动物园观赏动物,让她们学游泳,去大自然欣赏美景。等孩子稍大一些后,她就教她们做一种智力体操,教她们唱儿歌,给她们朗读童话。再大一些,就让孩子进行智力训练,教她们识字、弹琴、做手工等,还教她们骑车、骑马。

继居里夫人夫妇俩获得诺贝尔奖之后,在居里夫人的培养下,他们的后辈也相继获得诺贝尔奖:大女儿伊伦娜是名核物

理学家，她与丈夫约里奥因发现了人工放射物质而共同获得诺贝尔化学奖。小女儿艾芙是位音乐家和传记作家，她的丈夫曾以联合国儿童基金组织总干事的身份荣获1956年诺贝尔和平奖。

实验室

温度不同，水会发生什么变化？

水有三种形态：液态、固态和气态。物质形态的变化大多是由温度引起的。这次实验的对象是与我们生活息息相关的水。通过实验，我们来了解一下物质的形态是怎样随着温度的变化而变化的。

请准备下列物品：

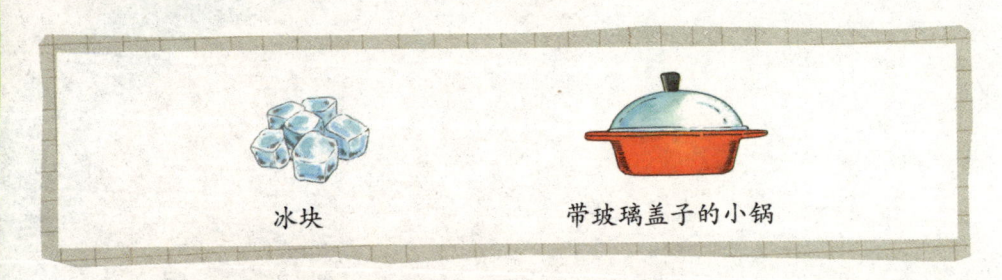

冰块　　　　　带玻璃盖子的小锅

一起来动手：

1. 把准备好的冰块放进小锅里，放在煤气灶上点火加热。
2. 观察一下冰块有什么变化。
3. 盖上锅盖，关掉煤气灶，等着温度降低。
4. 过一会儿，打开锅盖，观察锅盖上面凝结的小水珠。

注意：一定要在父母的指导下使用火。

1. 把准备好的冰块放进小锅里，放在煤气灶上点火加热。

2. 观察一下冰块有什么变化。

3. 盖上锅盖，关掉煤气灶，等着温度降低。

4. 过一会儿，打开锅盖，观察锅盖上面凝结的小水珠。

实验结果：

给冰加热，冰融化变成水。继续给水加热，水变成水蒸气。关掉煤气之后，温度降低，水蒸气在锅盖上凝结成水珠。

为什么会这样？

物质的形态随着温度的变化而变化。把固态的冰放进锅里加热，温度升高变成液态的水。继续加热，温度会变得更高，水继而变成气态的水蒸气，飞到空气里。盖上锅盖，关掉煤气灶，温度降低，没有来得及飞走的水蒸气又变成了水珠，凝结在了锅盖上。

拉瓦锡 讲
火

安托万-洛朗·拉瓦锡

(1743—1794)

拉瓦锡出生在法国巴黎。拉瓦锡的父亲是一名律师,所以他希望拉瓦锡也能学习法律,但是让拉瓦锡爸爸失望的是,拉瓦锡对法律压根儿没有兴趣,他迷恋上了化学,喜欢做实验,最终通过自己的努力成为了一名化学家。拉瓦锡推翻了之前水烧开后会变成泥的说法,证明水烧开后还是水。他还在实验中发现,实验前和实验后物质的质量是不变的,也就是我们现在知道的质量守恒定律。

安托万-洛朗·拉瓦锡

假如我们穿越时空，回到了原始时代，大家会怎么生存和生活呢？我们可能会像在电视里看到的那样，在寒冷的冬天里堆起柴，燃起火，然后从河里打鱼，用树枝串起来，架到火上烤着吃。到了晚上，村子里的人们就围坐在火堆旁谈天说地。

从很久以前开始，火就和我们人类的生活息息相关了。火在我们的生活中起着至关重要的作用。拉瓦锡对火进行了细致的研究。

现在就让我们一起来听拉瓦锡讲火的故事吧。

年月**日

　　我今天要去拜访拉瓦锡老师，拉瓦锡老师和我约好在山洞里见面。

　　可是山里既没有路，又没有火和光。我找了好久，还是没有找到他所说的山洞。

　　"老师为什么非要约在山洞里见面呢？"我心里正犯嘀咕的时候，看到前方一个山洞里隐隐约约发出了火光。

　　我向山洞走去，到了近处一看，拉瓦锡老师正坐在篝火旁烤火呢。

　　"山里这么暗，你走着上来，是不是很累呀？"拉瓦锡老师看到我，高兴地出来迎接。

53

拉瓦锡老师一边说话，一边从一个鼓鼓囊囊的信封里往外拿照片。

哇！有篝火的照片、灯光的照片、煤气燃烧的照片、火柴火焰的照片，还有烛火的照片。

"来，你看看这些照片，想到了什么呢？"

我一下子想不出什么，迟疑地说："呃……又亮又温暖。"

拉瓦锡老师哈哈大笑了起来："没错，你感觉又亮又温暖是因为火燃烧的时候会发光发热。"

呼呼的火苗啊!

可能是刚才在阴冷的树林里走了太长时间，我一直冻得瑟瑟发抖，即使靠近篝火坐着，也没有马上暖和过来。

于是，我把双手伸到篝火上方，翻过来倒过去不停地暖着，然后把烤得热乎乎的双手贴在脸上。

拉瓦锡老师看着冷得哆嗦着身子的我说："不要光站在那里，活动一下身体，马上就会暖和起来的。"

我站起来，围着篝火又蹦又跳。

拉瓦锡老师往篝火里面加了一些柴火，火苗渐渐大了起来，山洞里也越来越暖和了。

57

突然间,山洞外响起了窸窸窣窣的声音。

"老师,您听!好像有什么动静,是不是有怪兽来了?"我惊恐地问道。

"是吗?我怎么没有听到声音啊。"拉瓦锡老师从身上拿出一支蜡烛点着,举得高高的。昏暗的山洞立即亮了起来。山洞亮起来的一瞬间,一只狼慌慌张张地从洞口跑开了。

"哈哈,瞧!狼被吓跑了,它害怕火光!"

山洞顶上倒挂着的蝙蝠也受到了惊吓,乱飞了起来。

知识加油站

人类与火

在远古时代，人类是害怕火的。史前人非常害怕火，看见自然界的火山喷发、森林火灾、雷火，都会认为是天上的神仙在发怒。

然而，在人们学会利用火以后，生活中就再也离不开火了。他们用火把食物烤熟了吃，用火烧制陶器，甚至还在战争中将火作为武器。

惊慌的蝙蝠拍打着翅膀，火苗也跟着晃动起来，似乎要熄灭了。我怕火灭掉，对着篝火呼呼地使劲吹气，但火光还是微弱了下来。渐渐地，篝火熄灭了。

这时，拉瓦锡老师拿了一根坚硬而尖锐的木锥，把尖的那一头戳在另一块硬木头上使劲地钻。冒出点点火星的时候，他赶忙拿着干树叶靠近火星，树叶一下子就点着了。

"哇！好神奇啊！可是老师，我们干吗要这么费事呢？直接用火柴点火不就行了吗？"

"很久以前，人们就像我这样用木头或石头在木桩上钻木取火，或是用凸透镜把阳光聚集起来照在干树叶上点火，偶尔也会把雷电产生的火拿回来做火种。"

没有氧气，火就会熄灭

1 停电了，屋子里这么黑，好吓人啊。

2 一会儿我就点蜡烛，稍等一下。

现在不害怕了吧？

咦？火灭了！爸爸火怎么灭了呀？

62

刮风了，烛火在摇晃呢。要用玻璃罩把蜡烛罩起来，这样烛火就不会晃了。

❸

火需要氧气才能持续燃烧。刚开始的时候，玻璃罩里有氧气。当氧气用尽了的时候，火也就灭了。

❹

突然，我的肚子咕噜噜地叫了一声。

"哈哈，看来你是饿了，稍等我一下啊。"拉瓦锡老师从包里拿出了火腿肠，把火腿肠一根根穿在树枝上，然后在篝火的两端支起了木架，把穿好的火腿肠放在架子上面。

"烤熟的食物味道更好。"

我咬了一口嘶嘶作响的火腿肠。

天哪，我第一次吃到这么好吃的火腿肠。

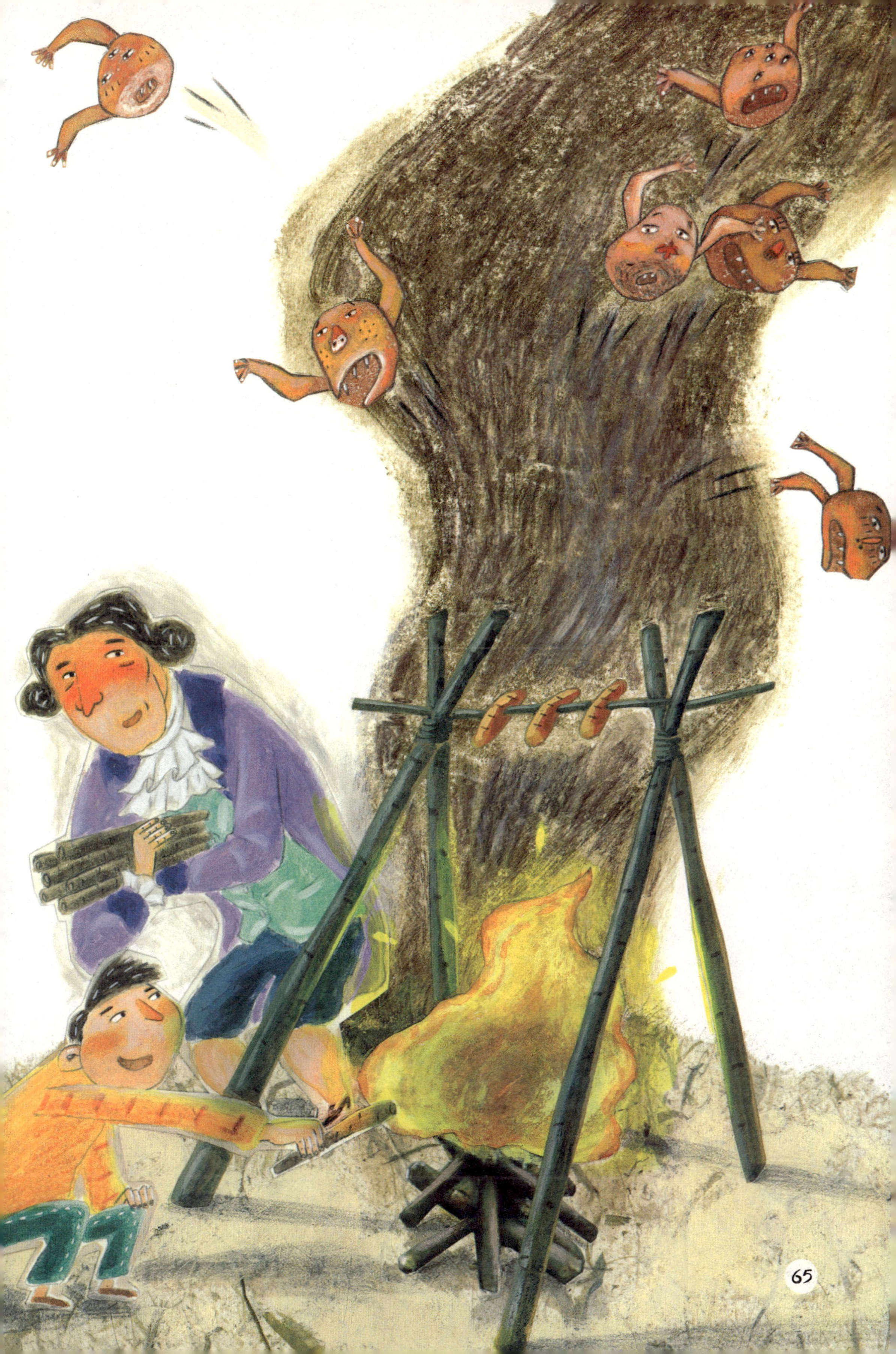

年月**日

今天,我去了拉瓦锡老师的实验室。实验室的桌子上放满了实验工具,点着一支蜡烛。

"你知道烛火是什么颜色的吗?"

"当然是黄色啦!咦?怎么还有蓝色的火焰呢?"我凑近蜡烛,仔细观察起来。

"最外层的黄色火焰温度是最高的,中间鲜红的火焰是最亮的,最里层的火焰是不是有点暗?温度不同,火焰的颜色就不同。"拉瓦锡老师对认真观察的我说道。

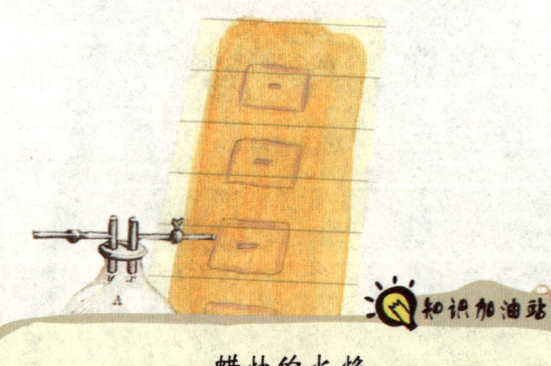

知识加油站

蜡烛的火焰

蜡烛火焰的颜色是不一样的。烛火分为焰心、内焰和外焰。外焰与空气中的氧气充分接触,透明中略带黄色。内焰是红色的,是最明亮的。焰心接触到的氧气最少,所以颜色发暗,温度也最低。

外焰
内焰
焰心

燃烧的蜡烛

我们仔细地观察着烛火,这时候实验室窗外有灯光不停地闪烁。

"老师,窗外怎么总有灯光一闪一闪的?"

"哈哈,这是我怕错过坐火车的时间,拜托他们给我发的提示信号。"

原来闪烁的灯光是通知火车时间的信号啊。

我跟着拉瓦锡老师离开了实验室,朝火车站走去。

"以前,人们用火光来传递信号。在烽火台上燃起火,用浓烟把消息传递给远处的人。大海里灯塔上闪烁的灯光就是用来为船只指引方向的。"

水一了杯
共两个

我和拉瓦锡老师上了火车,一起来到火车司机的房间。

司机大叔非常忙,正在往火车的锅炉里铲煤炭。我赶忙帮着他一起铲。

火车冒着水蒸气,发出呜呜的声音。

"像这样,用煤炭把水烧开,利用涌动的水蒸气来带动火车前进,并发出呜呜的响声。"

71

跟着拉瓦锡老师到处跑好累啊,我一坐下就睡着了。醒来时,我睁开眼睛一看,一个大蛋糕摆在我的面前。

"努里,生日快乐!"

意外地收到老师送的礼物,我感到特别开心。

看着闪闪的烛光,我想起了拉瓦锡老师说的话:"温度不同,火焰的颜色也不同。"今天的烛光是世界上最美的烛光。

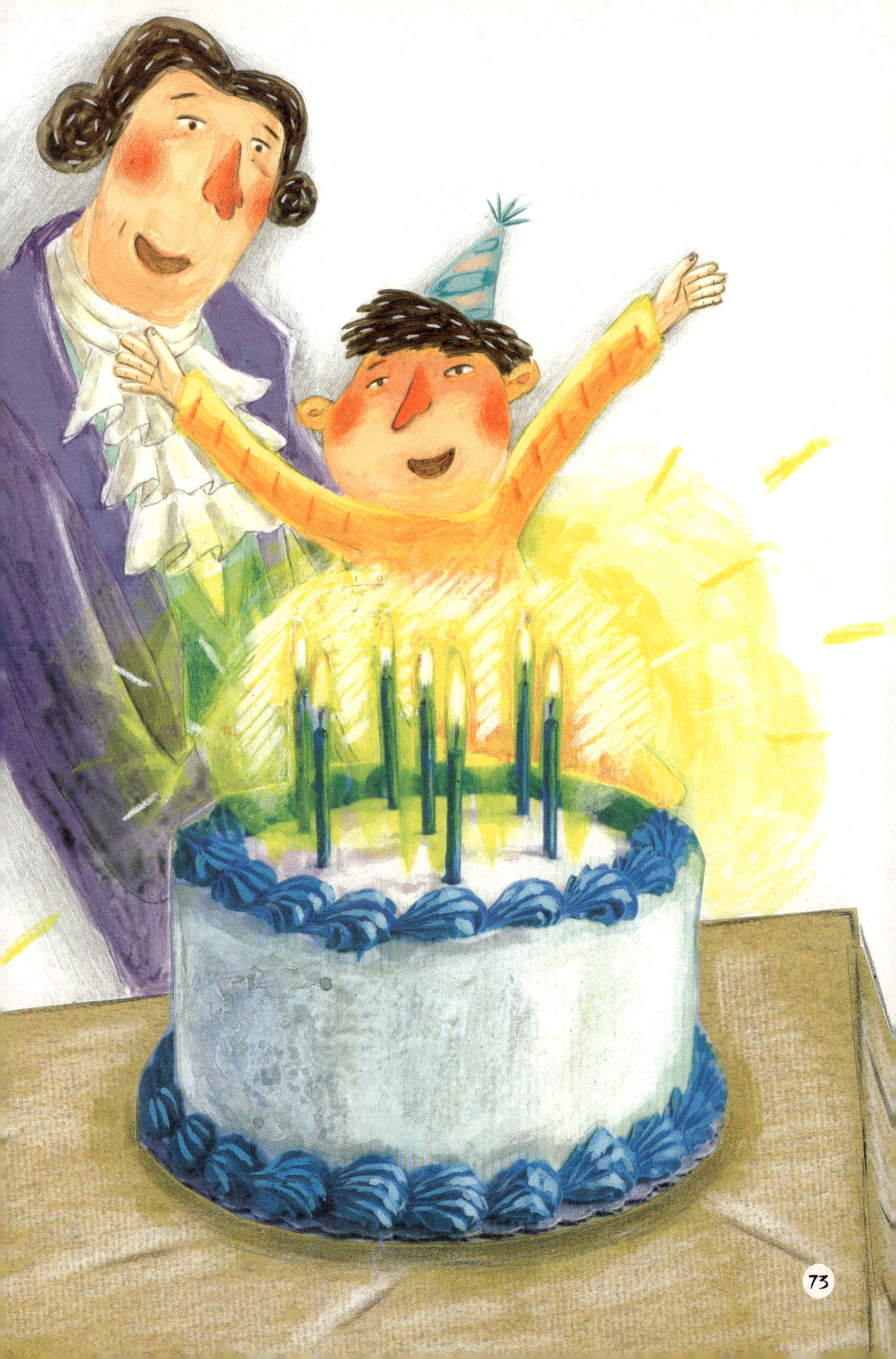

突然,我旁边的一支蜡烛开始倾斜。

"噢,天哪,怎么办呢?会烧到火车的!"我吓得大叫起来。

幸运的是,蜡烛只是晃动了一下,并没有掉下来。

"蜡烛掉下来也不会把椅子烧着的。椅子是用防火布做的,不会烧着。"

"啊?世界上有不燃烧的东西吗?"

"有啊,像玻璃、石头、铁之类的东西是不会燃烧的。"

"嗯,用石头、玻璃或铁来做椅子,应该是一个不错的主意哦。"

"要是用玻璃或石头做椅子,屁股不会硌得很疼呀?"

拉瓦锡老师和我都大笑了起来。

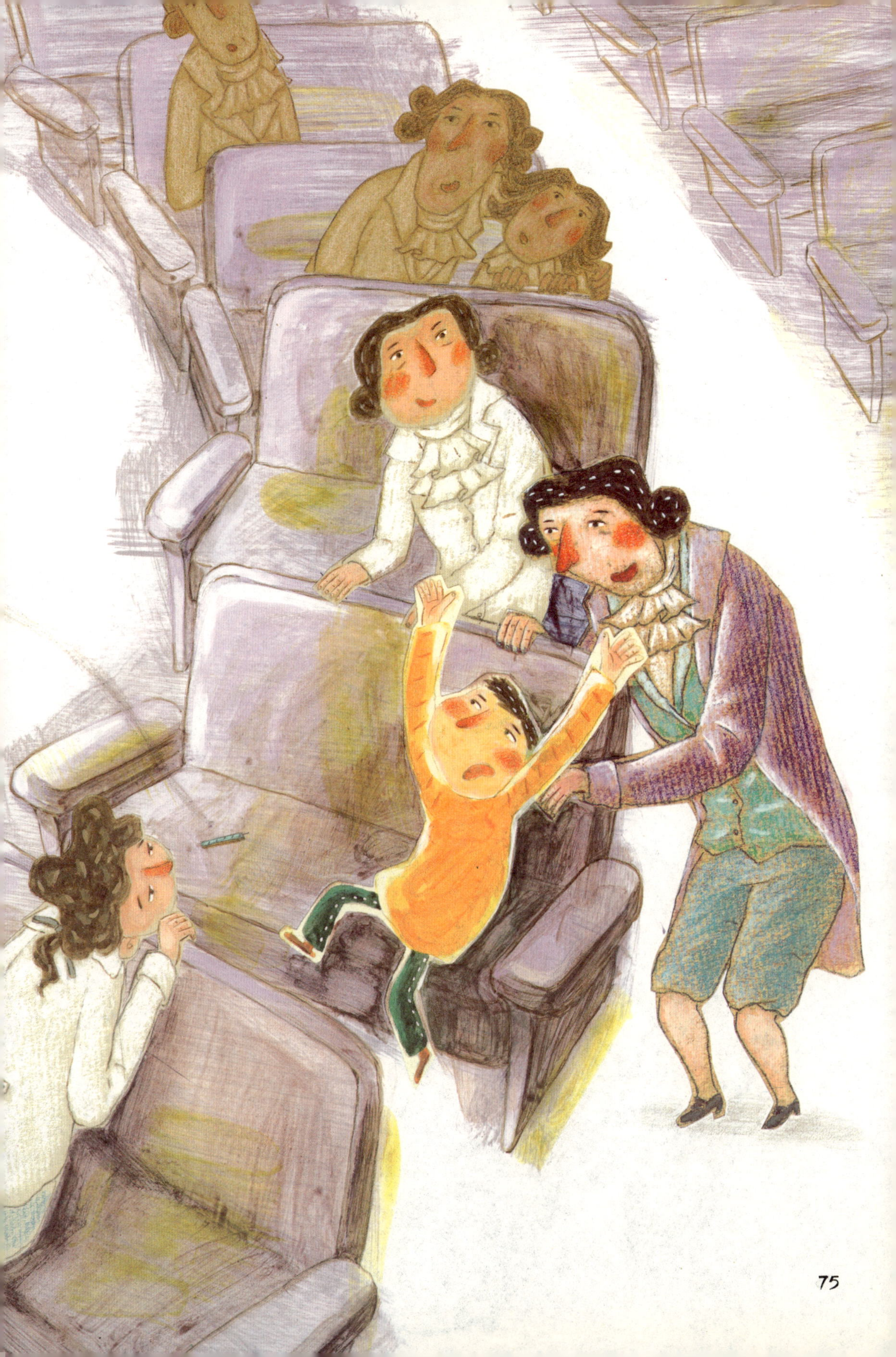

"老师，火车里好闷啊。"

"我们坐得太久了。等一下，我把窗户打开。"

拉瓦锡老师使出好大的劲去开窗，可窗户却一动不动。

我们仔细一看才发现，原来窗子锈在窗框里了。

"窗子锈住了，看来是打不开了。"拉瓦锡老师指着窗框里的铁锈说，"火遇到了氧气，会燃得更旺，可铁遇到了空气中的氧气，就会生成铁锈。火车走的铁轨、用铁做的自行车，时间长了之后都会生锈。"

> 铁遇到空气中的氧气、二氧化碳和水蒸气时会发生反应，生出红色的铁锈。

77

年月**日

今天,我和拉瓦锡老师在家里看电视,新闻里说有一个地方着火了。

"哎呀!火势可真大呀,火虽然给我们的生活带来了很多益处,但如果使用不当,很容易就会酿成大祸。努里,你用火的时候一定要小心啊!"

火要好好控制才能对我们有益。

想一想,火的益处还真不少呢,帮我们把食物做得更美味,让我们在漆黑的夜里也可以看书。

79

"努里呀,万一失火了该怎么办呢?"

我不知道该怎么办,也不知道该怎么回答。

"我是不是告诉过你,火燃烧是需要氧气的?你想想,如果没有了氧气,火是不是就熄灭了?

树或纸着火了,要用水来灭火;石油或煤气着火了,要用沙子把火和空气隔离,这样就能灭火了。"

听完拉瓦锡老师的话,我想起了公寓走廊里的灭火器和路上偶尔看到的红色消防车。

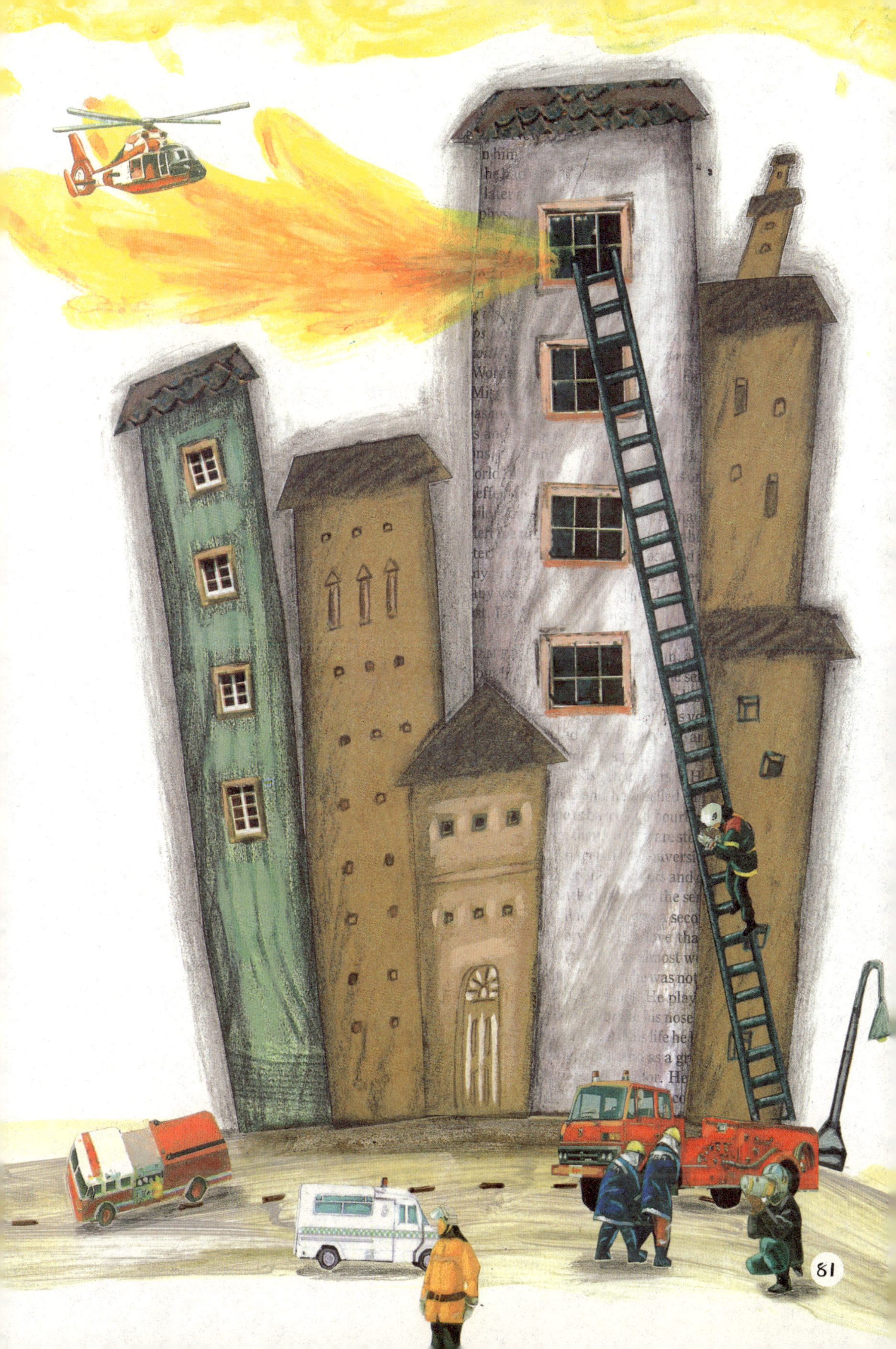

阅读课

火的含义

我们都知道，古代是没有电话和网络的，人们都是利用火向住在远方的人传达各种消息和情报。古时候，人们建起烽火台，通过晚上在烽火台上点明火，白天制造烟雾的方式来传达重要的消息。下面，我们来了解一下奥运圣火、自由女神像手中的火炬以及烽火戏诸侯的故事吧。

圣火具有"力量"和"纯洁"的含义

在古代，首次在希腊奥林匹亚召开的奥运会上的圣火，是用阳光点燃的。随后，人们把取自阳光的火种，传到举办奥运会的地

奥林匹克圣火是由雅典的最高女祭司长，用凹形的镜子聚集阳光，获得火种点燃的。

方，来点燃奥运火炬。从奥林匹克运动会的第一天到最后一天，圣火一直熊熊燃烧。奥运圣火象征着光明、团结、友谊、和平、正义。

自由女神像手中的火炬象征着自由、智慧和发展

在美国纽约，有个世界闻名的自由女神像。这是在美国独立100周年时，法国政府赠给美国的一份特殊礼物。自由女神像的右手高举着象征自由、智慧和发展的火炬，左手则捧着《独立宣言》。

自由女神像矗立在美国纽约自由岛上，她重达225吨，加上火炬的高度，整个雕像高达46米。

火能制成艺术品

有些材料经过火的加工之后，能制成各种漂亮的艺术作品。比如说，我们可以用火熔化玻璃、金属，制成日常用品和装饰品。从前，我们的祖先们把黏土揉捏出不同的形状，然后放到窑洞里面，经过长时间的烧制，从而制作出漂亮又实用的瓷器。下面，我们来了解一下玻璃和金属都能制成哪些物品吧！

熔化的玻璃能制成玻璃瓶

高温熔化石英、碳酸钠、石灰岩的混合物，可以制成玻璃。

像水一样流动的玻璃，稍稍一冷却就会变得非常柔软。在长杆的末端沾上一些软软的玻璃，用嘴吹气，玻璃就会像气球一样膨胀起来，最后就成为玻璃瓶了。

要想把玻璃制成想象的模样，就必须不断地变换长杆的角，用嘴吹气，反复这样的操作后，漂亮的瓶子就制成了。

把铁矿石投入熔炉里面，用高于1000度的温度加热，铁就会从中分离出来。把液态的铁水倒入各式各样的模具里，就可以制成丰富多彩的物品了。

金、银熔化以后可铸成戒指

金或银在高温中熔化以后，变得就像水一样。把水一样的金或银倒入制作戒指、项链的特定的模子里，冷却之后就成了我们平时见到的戒指、项链。铁也像金和银一样，放入熔炉里熔化以后，就可以制造船、飞机、汽车、电脑等各种各样的物品。

烽火戏诸侯

据史料记载，早在三千多年前，中国就开始利用烽火台来传达信息。现在说到烽火台，人们立即会想到长城，实际上，烽火台就建在长城沿线的险要处和交通要道上。边关将士们一旦发现敌情，便立刻发出警报：白天点燃掺有狼粪的柴草，使浓烟直上云霄；夜里则燃烧加有硫黄和硝石的干柴，使天空火光通明，来传递紧急军情。

但是这种只有万分危急的时候才点燃的烽火，却被一个帝王用来取悦美人，并最终导致了国家的灭亡。故事发生在西周时代，有一名美女叫做褒姒。古代褒国的人为了讨好国王，将她献给了周幽王。褒姒生来就不爱笑，幽王为了哄褒姒高兴，举起烽火令召集诸侯。诸侯匆忙赶过来，却发现并没有外敌入侵，只好生气地离开。后来，当真有叛乱者入侵时，周幽王再次举烽火令召集诸侯，诸侯以为又是骗局，都不愿意前往。最后，周幽王被敌人杀死了，褒姒也被劫掳。

小书桌

物质的燃烧需要氧气和适当的温度

我们在前面接触到物质在燃烧之后产生的物质和灭火的方法等内容。接下来，我们来观察一下身边各种各样的火，仔细观察下物质在燃烧时发生了什么样的变化，并了解一下具体的灭火方法。

物质燃烧时会产生二氧化碳

物质点着时，会有发光发热的现象，我们称之为燃烧。光和热是物质和氧气接触所产生的化学反应。炉子里旺盛的火焰、点燃的火柴、绚烂的烟花等，都属于燃烧现象。现在，我们就做个实验，看看物质燃烧时会有什么样的反应吧。

从前，在北方居住的人们都是生炉子做饭，而且还可以用炉火取暖。用炉灶做饭的同时，与其相连的炕就会变热，整个房间就会变得很温暖。

首先，点燃蜡烛，用玻璃罩罩住蜡烛。燃烧一段时间之后，向玻璃罩里倒入石灰水，石灰水会变得浑浊。这是为什么呢？原因在于石灰水具有遇到二氧化碳就会变浑浊的特性。通过这个实验，我们可以知道，玻璃罩里的蜡烛在燃烧时产生了二氧化碳。

相互碰撞石块，或者用凸透镜聚集阳光，照在容易着火的柴火上，都会生成火。

物质的燃烧需要氧气和热量

物质想要燃烧，就必须有足够的氧气和适当的温度。可燃物、氧气、温度这三个要素缺一不可，无论缺了哪一样都不能发生燃烧反应。物质燃烧时必要的温度是从哪来的呢？摩擦石头或者树木就会产生热量，温度升高会产生火花。在远古时代，人类通过撞击燧石或火石，或者持续摩擦柴火来生火，我们称之为钻木取火。如今，我们都是利用煤、石油、天然气等燃料，点着火也非常简单，用打火机或火柴就可以了。

通过隔离氧气来灭火

与燃烧相反，让火熄灭叫做灭火。当从新闻中看到有些地方发生火灾的报道时，我们就会想："要将火尽快熄灭才行。"怎样才能有效地灭火呢？其实很简单，只要去掉燃烧中必要的氧气或者温度就可以了。比如说，通过玻璃罩罩住蜡烛灭掉烛火，或者在使用酒精灯时，用灯帽盖住灭火，这些都使用了缺少了氧气，燃烧无法持续的原理。消防队员通常用消防水龙带向燃烧物喷水，或者用沙子覆盖燃烧物等方法，隔离空气并降低温度，来达到灭火的目的。

如果起火，我们可以通过喷水、撒沙子来隔绝燃烧时必要的氧气，降低温度。

名人故事

请给我一点时间

法国大革命时期,有好多贵族被推上了断头台,拉瓦锡也未能幸免于难。

拉瓦锡被捕的理由是他曾经是一家包税公司的股东。他虽然没有亲自征税,但作为股东,自然也从中获利。而当时法国百姓非常仇视包税公司。

1794年5月2日，当时执政的革命政府将拉瓦锡交给革命法庭审判，那时的法庭根本没有什么公正可言，拉瓦锡和他的妻子及朋友们都清楚这一点。

　　这是一场闹剧式的审判，不需要经过任何法律程序，法庭就可以草率地判定一个人有罪。"有罪，有罪，把他送到革命广场去，立即执行，立即执行。"人们疯狂地喊着。

　　拉瓦锡开口说话了："我在实验室急着要做一项实验，我唯一的请求是再给我一点时间，让我为法兰西多做一点贡献。""够了，"法官拍着桌子大吼着，"共和国不需要科学家。"

　　面对这些失去理智的人，拉瓦锡从此保持沉默。他开始回忆自己一生的工作。

　　1794年5月8日，拉瓦锡和他的岳父，还有其他犯人，一同被送上了执行死刑的押送车，开始了他们人生的最后行程。

　　押送车停在革命广场上，囚犯们静静地等待着。拉瓦锡双眼紧闭，表情宁静。隔了一会儿，他又睁开眼睛，环顾着人群，这其中有盼他早点被处死的疯狂群众，也有为他悲痛欲绝的亲人和朋友。

　　无情的屠刀很快轮到拉瓦锡和他的岳父了。岳父早已吓得哆嗦成一团，瘫靠在拉瓦锡的身上。"勇敢些，死亡只不过是一刹那的事，然后——就是永恒。"拉瓦锡对着岳父的耳朵低语道。

　　拉瓦锡就这样从容地走上了断头台。为此，一位著名的数学家痛心地写下了这句话：砍掉这个脑袋只需要一瞬间，但是这样一个脑袋100年也不会出现。

实验室

想让火烧得更旺，都需要什么条件呢？

物质点着时，会发光发热，此时的反应叫做燃烧。在我们的日常生活中，可以看到烛火、燃气灶、酒精灯以及火柴等，它们都会燃烧。可是想让火烧得更旺，必须具备一些条件。下面，我们一起来动手，通过实验来了解一下如何让火烧得更旺吧。

请准备下列物品：

玻璃板2块　　蜡烛2支　　大小不同的玻璃罩2个

一起来动手：

1. 把蜡烛立在玻璃板上，点燃蜡烛，用玻璃罩把蜡烛罩住。
2. 仔细观察玻璃罩中的蜡烛的反应。
3. 这次把两支蜡烛都点上，用大小不同的两个玻璃罩分别罩住蜡烛。
4. 观察哪个玻璃罩里面的蜡烛先熄灭。

*注意：一定要在父母的指导下使用火。

1 把蜡烛立在玻璃板上，点燃蜡烛，用玻璃罩把蜡烛罩住。

2 仔细观察玻璃罩中蜡烛的反应。

3 这次把两个蜡烛都点上，用大小不同的两支玻璃罩分别罩住蜡烛。

4 观察哪个玻璃罩里面的蜡烛先熄灭。

实验结果：

用玻璃罩罩住正在燃烧的蜡烛，蜡烛很快就熄灭了。两支蜡烛进行比较，小玻璃罩里面的蜡烛比大玻璃罩里面的蜡烛灭得快。

为什么会这样？

任何物质想一直燃烧而不熄灭，必须要有足够的氧气。如果用玻璃罩罩住正在燃烧的蜡烛，氧气就会因为不断地消耗而逐渐变少，最终被耗尽，所以蜡烛也会随之熄灭。因为小玻璃罩里面的空气比大玻璃罩里的空气要少，所以小玻璃罩里的蜡烛灭得比大玻璃罩里的蜡烛快。

卡文迪什 讲

水

亨利·卡文迪什

（1731—1810）

卡文迪什出生在法国尼斯。他从英国伦敦大学毕业后，在伦敦生活了30年。他是一位非常勤奋的科学家，在伦敦生活的漫长岁月里，他做的实验多得数也数不清。在《关于空气的多种实验》这篇论文里，他给我们讲述了把氢和氧混合后点燃生成水的实验过程。就是这个实验让我们明白了，原来我们每天生活中离不开的水是由氧和氢构成的。

亨利·卡文迪什

水是我们生活中最为常见的物质。在我们生活的地球上，有70%的面积被水覆盖着。我们的身体近70%也是由水构成的。不管是我们人类，还是动物或植物，没有水是万万不能的。没有水，一切生物都无法存活。水对于我们来说就是如此重要。

　　但是，什么是水呢？过去，人们认为水是一种元素。古希腊哲学家泰勒斯认为所有物质的根源是水。下面，我们一起来了解一下珍贵的水吧。

窗外滴滴答答下起了雨,天空中布满了乌云。

雨滴落到了河水里。

壶里的水烧开了,哧哧地冒着白汽。

装满热水的杯子里也缭绕着水汽。

天上下的雨,天空中飘着的云,还有河水,都是水。

虽然杯子里的水和冒着白汽的水样子不同,但它们都是水。

101

小朋友们，你们好！

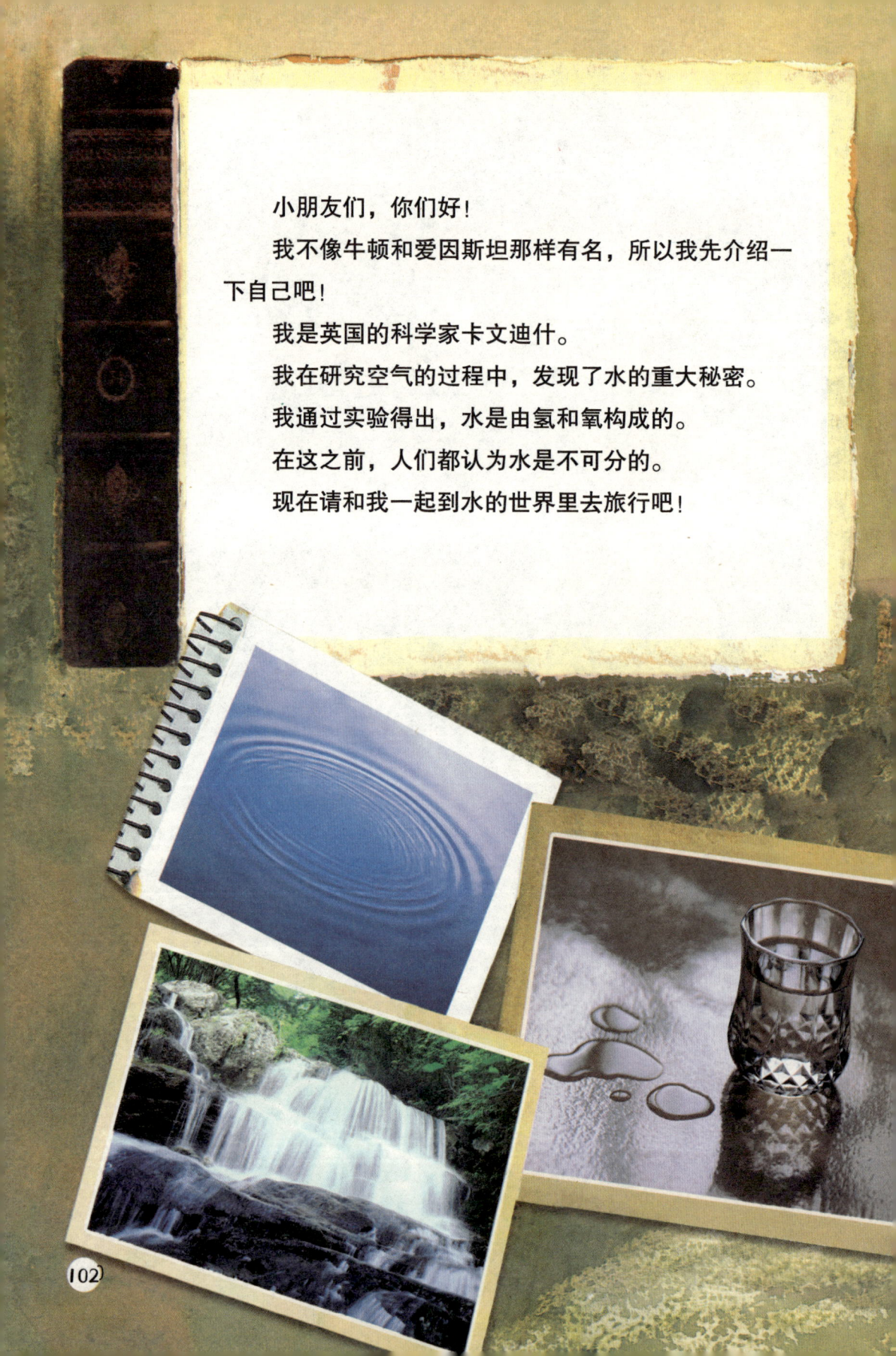

我不像牛顿和爱因斯坦那样有名，所以我先介绍一下自己吧！

我是英国的科学家卡文迪什。

我在研究空气的过程中，发现了水的重大秘密。

我通过实验得出，水是由氢和氧构成的。

在这之前，人们都认为水是不可分的。

现在请和我一起到水的世界里去旅行吧！

水分子

氧原子　氢原子

氢原子

水是由一个氧原子、两个氢原子构成的。

103

水是无色无味的。

但有的小朋友会说，不对啊，有时水是有颜色的，我就看到过绿色和灰白色的水哦！

对，有时候水看起来好像是有颜色的。

这是因为水是透明的，我们看到的颜色实际上是其他物体的颜色透过水显现出来的。

水本身是没有颜色的。

水是能流动的液体。

温度降低的话，水会变成固体的冰。

温度升高的话，水会变成水蒸气，而水蒸气是种气体。

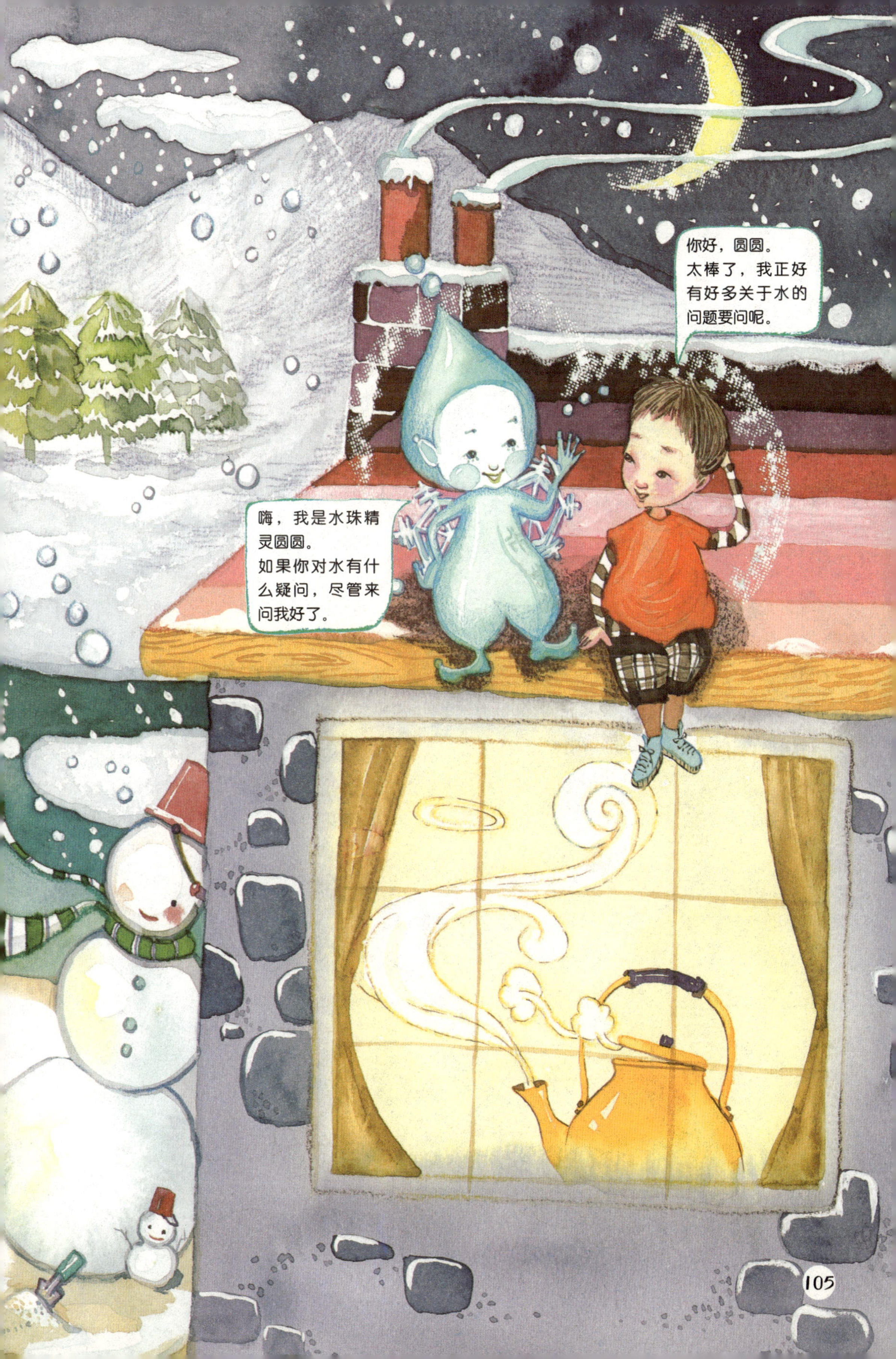
你好，圆圆。
太棒了，我正好有好多关于水的问题要问呢。
嗨，我是水珠精灵圆圆。
如果你对水有什么疑问，尽管来问我好了。

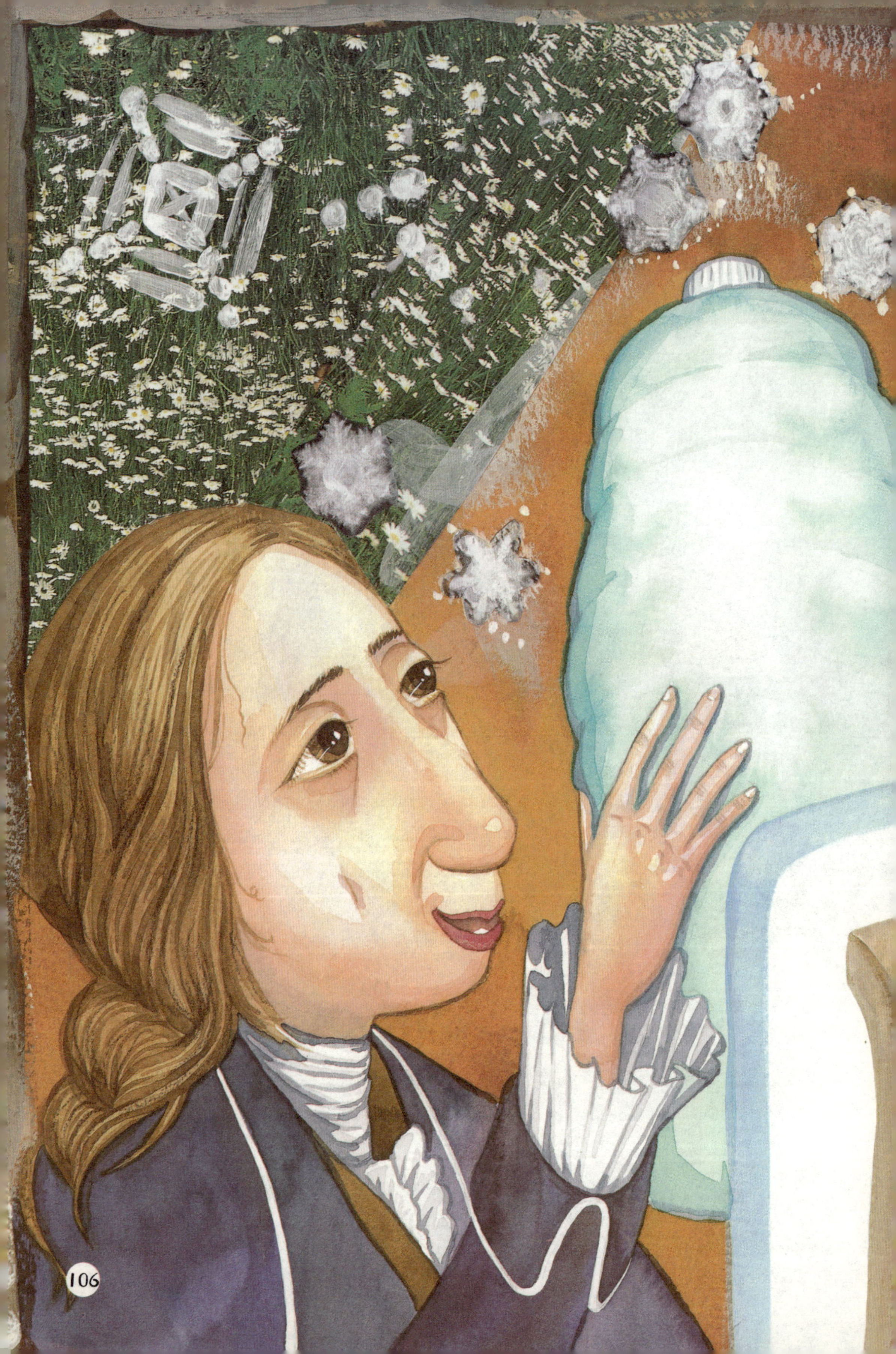

水结成冰，
体积会变大。

原来是这样啊。怪不得把水灌进饮料瓶里放入冰箱冷冻起来，饮料瓶会变得鼓鼓囊囊的呢。

　　水的温度低于零摄氏度时，就会变成冰。
　　水结成冰，体积会变大。
　　把水倒进塑料瓶里，然后放入冰箱里冻起来试试看。
　　结果会怎么样呢？
　　塑料瓶会不会鼓得像要爆开一样？
　　这是水结成冰以后体积变大的结果。
　　冬天里，水管爆裂也是由于气温降低，水管里的水结冰后体积变大造成的。

水结成冰体积变大的同时，重量会变轻。

将杯子里装满水，把冰放在里面试一试。

猜猜会怎么样呢？冰是不是浮了起来？

南极和北极的冰山浮在海面上，就是因为冰比水的重量轻。

冬天在湖面上咣咣地凿个洞，就能在这个洞里钓鱼了。

湖水结冰的时候，冰浮在水面上，水在冰的下面可以自由地流动。

真是太好了，如果河底和湖底的水都结成冰的话，鱼就会被冻死的。

冰比水轻，可以浮在水面上。

湿度

湿度是用来表明空气中水蒸气的含量的。
湿度不同，空气中的水蒸气含量也不同。
湿度越高，水蒸气含量就越多；
湿度越低，水蒸气含量就越少。
湿度是受天气变化影响的。

当水达到摄氏100度时,水就会沸腾,变成气态的水蒸气。
怎样才能知道水变成了水蒸气呢?
在锅里烧开水,锅盖会被顶起来,冒出白色的气体。
那是水蒸气遇冷后凝结成的小水珠。
在阳光下晾晒衣服,衣服很快就会变干。
这是因为衣服上的水汽都散发到了空气里啦。

江河湖海的水在阳光的照射下，也会有水蒸气飘散到空气中。

水蒸气升高，在天空里形成了云，云不停地与新的水蒸气结合，会变得越来越重，直到云朵实在托不住的时候，就会变成雨落到地面上来。

冬天的时候，空气中的水滴则变成洁白的雪花落下来，雨水和雪水渗透到泥土中，会再次回到江河里，水就这样又流动了起来。

这个过程就叫做水循环。

水循环
①冰融化成水。
②小水流汇成小溪。
③小溪汇成小河。
④小河汇成大河。
⑤大河汇成大江。
⑥江水蜿蜒曲折，绵延流长。
⑦在入海口，江水与海水汇合。
⑧江水、海水受到阳光照射变成了水蒸气。
⑨水蒸气在天空中遇冷变成了云。
云里的水滴聚在一起，变成了雨或雪落到地面上。

地球上的水就是这样循环的。

现在我知道雨和雪是怎么来的了。

113

你们见过水滴的样子吗？

从冰箱里拿出冰镇的饮料瓶在外面放一会儿，瓶子表面就会出现一层小水珠。

水珠是什么形状的？

是圆的吗？

是的，是圆的。

蜘蛛网上的水珠也是圆的。

水珠为什么是圆的呢？

圆圆，水珠为什么会是圆的啊？

这个嘛，让我们一起听听卡文迪什博士是怎么说的吧。

请往杯子里倒满水，满到快要溢出来那种程度。

水沿着杯子往上升，但没有溢出来。

这时，在快要溢出来的水杯里轻轻地放入一个曲别针，水还是没有溢出来，这是为什么呢？

这是因为水是由水分子构成的，这些水分子之间相互牵引。

就是由于它们之间相互牵引，所以水珠才是圆的。

蜘蛛网或是草叶上的水珠结成圆形，是水分子相互牵引的结果。

水蝇可以漂在水面上

水蝇为什么能浮在水面上，不掉进水里呢？

水蝇的腿上有很多毛，它用不沾水的毛推着水向前移动。水蝇是利用水分子之间相互牵引的力量在水上浮起来的。

原来是这样！咦，韩松你去哪儿呀？

看！水蝇！
哇，和我们的科学书上画的一模一样。

韩松，你在那里干什么呢？
咦，为什么我不能像水蝇一样浮在水面上呢？
哈哈，水蝇可没有你这么重，而且你的腿上也没有毛啊。

因为水分子是相互牵引的,所以树把根扎进土里能吸到土里面的水,也就能开花结果。

树干里有很多纤细的小管从地里吸水,顺着小管,水可以一直上升,传输到树叶上。

正是由于水分子相互牵引的力量,水才能够顺着小管上升。

听懂了吗?知道为什么树顶端的叶子那么新鲜了吧?

水可真像是一位魔术师啊!

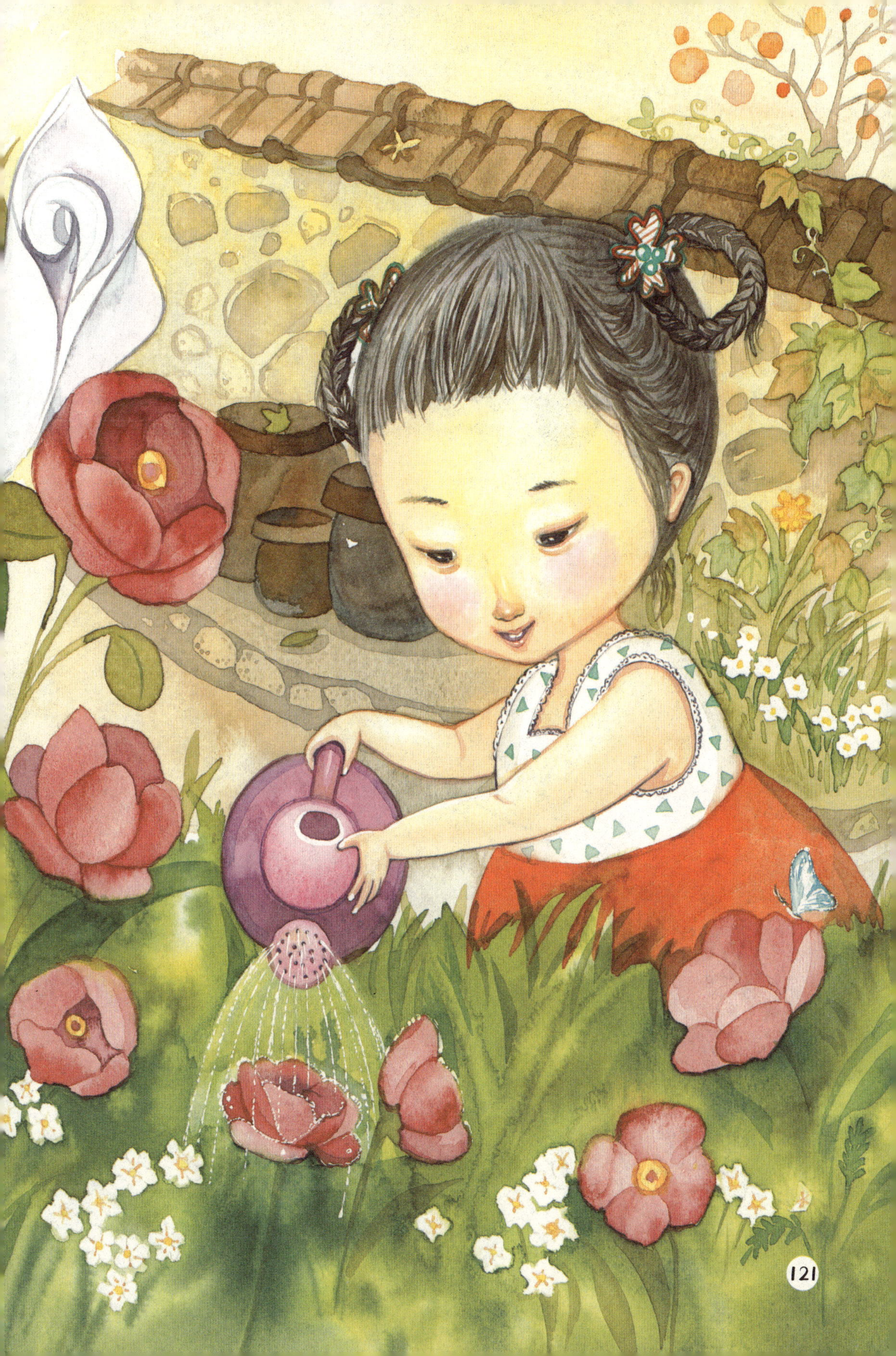

122

水能溶解许多物质。我们把糖放进水里，就能喝到甜甜的糖水啦。水能很容易地溶解像糖和盐这样的固体，也能溶解像氧气或二氧化碳这样的气体。鱼就是用鳃来呼吸溶解在水中的氧气的。

植物通过根吸收溶解在水分里的养分。而我们人类呢，每天都要喝水。我们喝的水能溶解食物中的养分，并把这些养分均匀地运送到全身的各个部位。水就是这样让所有生物存活下来的。

> 我以前不怎么喝水，看来以后要多喝些水了。

> 人每天通过汗液和尿液，向体外排出两公升以上的水，所以大家要记住，每天要多喝点水哦。

水还可以改变大地的模样。

小河里的水和大河里的水在流动的时候,会将土壤、泥沙和石头搬运到别的地方。

波涛也能改变海岸的模样。渗透到大地里的水会形成溶洞。

水多了会引发水灾,水少了会引发干旱。

知识加油站

地下水可以帮助形成石灰岩溶洞

渗透到地面以下的水，叫做地下水。地下水溶解二氧化碳之后，很容易溶解石灰岩。地下水在石灰岩形成的地表里流动，就会形成溶洞。溶洞的造型千奇百怪。

我们不仅直接饮用水，还用水来制作各种各样的食物。
我们要用水来洗澡，用水来打扫房间、洗衣服。
农民伯伯在种地的时候就更离不开水了。
没有水的话，稻子、大麦、蔬菜等农作物都无法生长。
工厂的工人师傅也要用水来洗材料、擦洗机器，还会用水来发电。

是啊，太有意思了！谢谢你，圆圆！

怎么样？现在了解水了吧？觉得有意思吗？

故事讲完了，雨也渐渐地停了。要不要出去到小路上走走呢？

树和叶子在雨水的冲刷下显得格外干净。我们在生活中时刻都离不开水，但是由于它太常见了，我们意识不到它的珍贵。如果没有水，我们一天也活不下去。让我们一起来节约用水吧！

129

阅读课

海神波塞冬和水神欧申纳斯

希腊神话中有很多神,既有众神之王宙斯,也有宙斯的妻子——神中女王赫拉,还有象征战争和智慧的女神雅典娜、象征美和爱的女神维纳斯、太阳神阿波罗等,当然,也有掌管水的神,他们是海神波塞冬和水神欧申纳斯。

波塞冬掌管着大海和陆地。

海神波塞冬

波塞冬是希腊神话中掌管海的神。他住在海底宫殿里,经常乘坐铜蹄金鬃马车掠过海面。波塞冬同时也是掌管地震的神,当他将三叉戟插在地面上时,地震就会发生。

欧申纳斯掌管着流动的水。

水神欧申纳斯

　　欧申纳斯是希腊神话中的水神,他掌管着宇宙中的水。欧申纳斯和自己的妹妹泰提斯结婚后,生了3000个儿子和3000个女儿,他的这些子女掌管着世界上所有的河流和喷泉。

江河湖泊是人类文明的发祥地

很早很早以前，生活在原始时期的人类都聚居在河边。住在河边的人们依河而生，不仅能捕鱼，还能种田。埃及文明、美索不达米亚文明、印度河流域文明、黄河文明都是具有代表性的古代文明，它们都是利用水发展起来的。接下来，让我们一起去了解一下埃及文明和美索不达米亚文明吧！

埃及文明在尼罗河岸发展起来

古希腊历史学家希罗多德说："尼罗河是上天赐予埃及的礼物。"由此不难看出，尼罗河对埃及文明的发展有着巨大影响。古埃及人从早期开始，就在尼罗河流域肥沃的土地上耕种。为了预测尼罗河的汛期，天文学逐渐发展了起来。为了建造金字塔和神殿，当地的人们在实践中使几何学也得到了长足的发展和进步。与此同时，古埃及人还创造了记录历史和传播文明的象形文字。

金字塔是用石头筑成的古埃及王族的坟墓。它是埃及文明的代表性建筑。

楔形文字是用芦苇或金属的尖端写在黏土上的文字。

美索不达米亚文明在底格里斯河和幼发拉底河的中间地域发展起来

美索不达米亚的原意是"两江中间的土地",所以,顾名思义,它是在底格里斯河和幼发拉底河的中间地域发源和繁衍。人们利用两江中间那块肥沃的土地发展农业。在商业发展的进程中,古老的文字也被创造了出来,当地人使用芦苇或者金属做的笔,在黏土上进行书写,我们称之为楔形文字。当时,他们的天文学和占星术也相当发达。

小书桌

水可以转化成水蒸气、冰块

我们知道了根据温度的不同，水的形态也会发生变化。水烧开了的时候就会变成水蒸气，水冻上了就变成了冰块。下面，我们一起看看水加热或冷冻状态下发生的变化。

水经过加热就会变成水蒸气

在锥形烧杯中加入水后对其加热，锥形烧杯的杯壁上会凝结许多小水珠。再过一段时间，小水珠就会向上移动，随着水蒸气的生成，温度也就越来越高。虽然随着加热时间的增加，会有更多的水蒸气和水滴产生，但是当水温达到100摄氏度时，温度就不会再上升了。

水沸腾时，在锥形烧杯的杯口放上一个玻璃棒，会发现在玻璃棒上有水珠凝结，这是因为水蒸气在玻璃棒上冷却凝结变成了水珠。我们看到，沸腾的液态水，会变成气态的水蒸气，水蒸气冷却后，又会变成液态水。

向锥形烧杯里加入水后，加热至沸腾，会生成气态的水蒸气，水蒸气可以扩散到空气中。

水达到了零摄氏度时就开始结冰，等到完全冻结成冰块后，温度才会继续下降。

水在零摄氏度时开始结冰

在大烧杯中放入冰块和盐，并用玻璃棒搅拌。在搅拌的时候，盐会溶化，并在这个过程中带走冰块中的热量，所以冰块的温度会变得更低。向试管中滴入三分之一的水，测量一下水温。然后，把试管放在离大烧杯中的冰块不远的地方，试管中的水很快就开始冻结了。试管中的水在结冰的过程中，温度始终是零摄氏度，并没有继续下降。当水完全被冻结后，冰块的温度才会慢慢下降，试管中冰块的温度和烧杯中冰块的温度就一样了。

装满水的玻璃杯冻结之后,由于水的体积变大,所以玻璃杯会碎。

水结冰后体积变大

在纸杯中放入水后,用铅笔标记一下水位,随后放入冰箱内冷冻。等到水完全结成冰块后,把水杯从冰箱中拿出来。用铅笔标记冰块所在的位置。比较一下水在结冰前和结冰后标记位置的变化,通过实验很容易就能知道水的体积发生了改变。

节约用水小方法

一、用淘米水洗菜，再用清水洗菜，不仅节约了水，还能有效地清除蔬菜上的残留农药。

二、用洗衣水洗拖把、洗扫帚、擦地，再冲厕所。用清洗衣物的洗衣水擦门窗及家具、洗鞋袜等。

三、大、小便后冲洗厕所，尽量开小流量的水管冲洗，要充分利用使用过的"脏水"。

四、夏天给室内外地面洒水降温，尽量不用清水，要用洗衣服之后的水。

五、清洁自行车、家用小轿车时，不要用水冲，用湿布擦。太脏的地方，也可以用洗过衣物的水冲洗。

六、浇花时，可以用淘米水、茶水、比较干净的洗衣水等。

七、洗衣服、洗水果的时候要有节约用水的意识，不用水的时候要及时关闭水龙头。

名人故事

卡文迪什小故事

不求名利

有一天，卡文迪什出席宴会的时候遇到一名奥地利科学家。这位科学家见到卡文迪什非常激动，主动上前与卡文迪什说话，热情洋溢地赞美他。可是卡文迪什听到这种赞扬后，感觉非常不自在，显得手足无措。最后，他终于坐不住了，站了起来冲出室外，大家还没回过神来的时候，他已经跳上马车回家了。

卡文迪什沉默寡言，有时候客人从远处慕名来访，出于礼貌他总会陪在客人身边，但他只是呆坐在一边，很长时间不说一句话，客人们都感觉莫名其妙或者非常尴尬，其实卡文迪什正在脑子里思索着科学问题呢。

沉睡了一百年的手稿

卡文迪什在1810年逝世，他的侄子乔治在整理他的遗物时，将他遗留下的20捆实验笔记，捆扎后放进了书橱里，从此之后就再也没有人动过了，于是这些稿子在书橱里一放就是60年。

一直到1871年，另一位电学大师麦克斯韦成为剑桥大学教授，负责筹建卡文迪什实验室时，这些充满了卡文迪什智慧和心血的笔记才得以重见天日。麦克斯韦仔细阅读了前辈在100年前的手稿，感到非常吃惊，也非常敬佩卡文迪什。他说："卡文迪什也许是有史以来最伟大的实验物理学家，电学上的所有事实他几乎都预料到了。这些事实后来通过库仑和法国哲学家的著作闻名于世。"此后，麦克斯韦决定先暂停自己的一些研究课题，开始耐心地整理这些手稿，使卡文迪什的研究为世人所知。

实验室

水结成冰会怎样呢？

在日常生活中，水随处可见。水在空气中以水蒸气、雾气、雪、云彩等形态存在，在地面上以露珠、湖水、江河、大海的形式存在。但水不仅仅只是以液体的形态存在的，它经常在水、水蒸气、冰这三种形态中来回转换。接下来，让我们通过实验，来了解一下水结成冰会变成什么样吧！

请准备下列物品：

盘子　　塑料杯　　能盖住杯口的石头　　水

一起来动手：

1.把塑料杯放在盘子上，向塑料杯中倒水，直到水溢出来为止。

2.把能盖住杯口的石头放在杯子上。

3.一切准备就绪后，将杯子放入冰箱，小心不要让水溢出来。

1. 把塑料杯放在盘子上,向塑料杯中倒水,直到水溢出来为止。

2. 把能盖住杯口的石头放在杯子上。

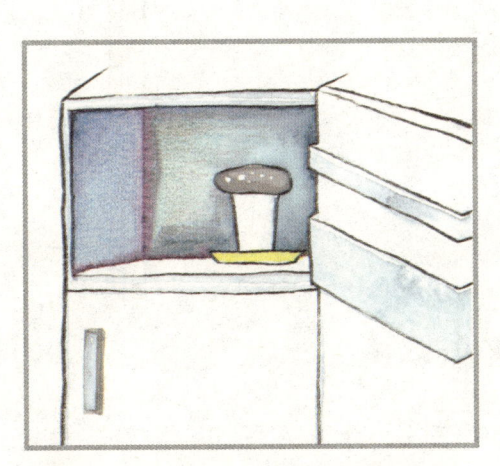

3. 一切准备就绪后,将杯子放入冰箱,小心不要让水溢出来。

实验结果：

杯子里装了满满的水，水结成冰块以后，把盖住杯口的石头顶了起来。

为什么会这样？

随着温度的变化，水会在固态、液态、气态这三种形态之间相互转换，它的体积也会随之发生变化。等温度下降之后，水的形态由液态变成固态，体积相应变大，因此就会把盖在杯口的石头顶起来。

路易斯 讲
酸碱

吉尔伯特·牛顿·路易斯

（1875—1946）

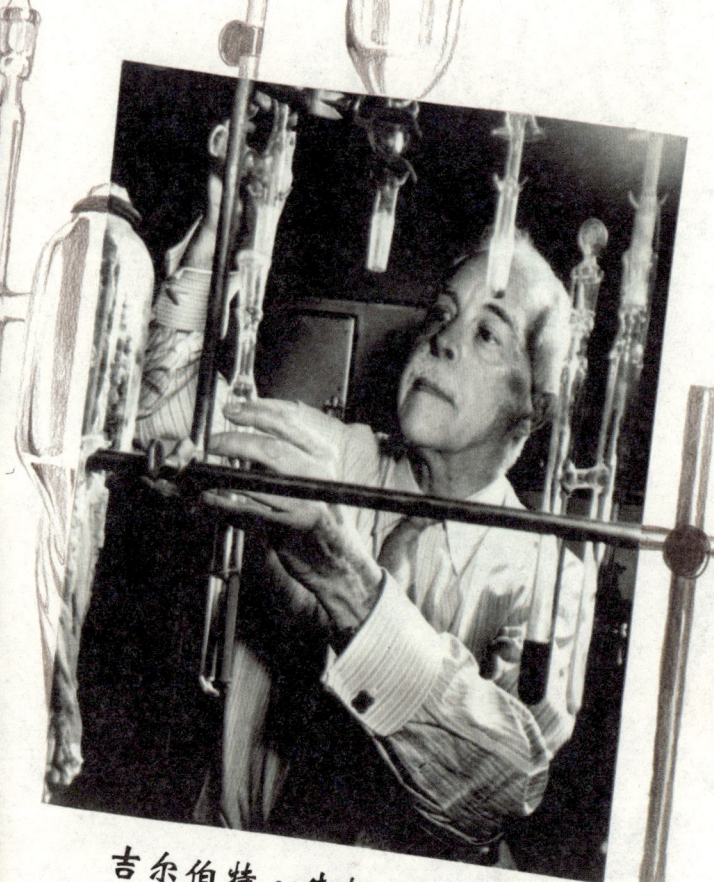

路易斯出生在美国的马萨诸塞州，他先后就读于美国哈佛大学、德国莱比锡大学、哥廷根大学。路易斯通过大量的实验，提出了许多化学原理。他阐明了构成物质的原子与原子之间不同的连接状态，并详细地阐述了什么是酸和碱。

吉尔伯特·牛顿·路易斯

我们每次吃完糖果以后，妈妈都要我们刷牙，你知道是为什么吗？

这是由酸和碱这两种物质的性质决定的。

因为吃完糖果后，嘴里会留有残渣，而这些残渣具有酸的性质。

所以，要用含有碱的牙膏刷牙，牙齿才不会被腐蚀。

如果你经常刷牙，就不会有蛀牙啦。

那么，酸和碱是什么呢？

让我们一起来听听路易斯老师给我们讲讲酸碱平衡的故事吧。

"泡菜好酸啊。"正在吃午餐的正言,因为菜太酸的缘故,整个脸都被酸得扭曲了。

"噢?这么酸,是在菜里放醋了吧,把醋放在食物里就会有酸味。"

"我猜泡菜里放了柠檬,柠檬也是酸的。"

孩子们你一言我一语地说着。

"别着急,我们去问问路易斯老师吧。"

正在吃午餐的孩子们听到这句话,都争先恐后地跑出了食堂,急着去找老师了。

我们的手艺

孩子们敲开了路易斯老师的房门,老师开心地把他们请进了屋里。

"老师,我们是来向您请教问题的。"

"好的,说吧,你们有什么问题不明白?"

"泡菜和水果为什么这么酸?都快要把我的牙酸倒了!"正言大声地问道。

"这是因为一种叫'酸'的物质。"

"酸?"孩子们都歪着脑袋,眨巴着眼睛。

151

"像泡菜、酸奶、柠檬等,我们经常吃的好多食物里都含有酸。"

"老师,只有食物里面含有酸吗?"

"不是的,在树叶或树皮,甚至我们的身体里都有酸哦。"

"啊?我们的身体里也有啊?"孩子们听到老师说身体里也有酸,都不明白,感觉更加困惑了。

"我们的胃里有很强的酸,它可以帮助我们消化食物。"

"酸会帮助我们消化食物?"

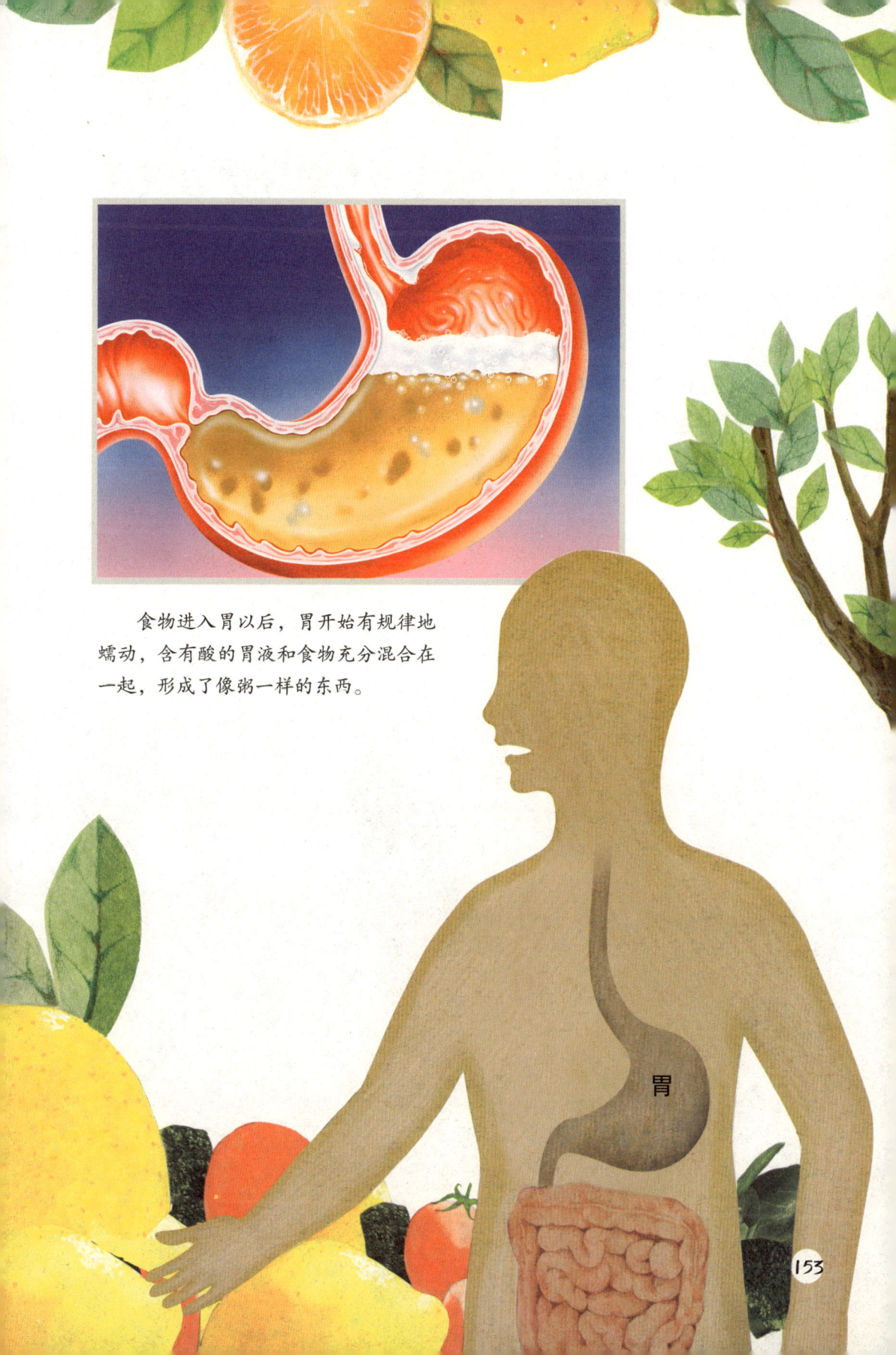

食物进入胃以后,胃开始有规律地蠕动,含有酸的胃液和食物充分混合在一起,形成了像粥一样的东西。

胃

"是的，胃里的酸叫做盐酸。如果胃里没有盐酸，食物就消化不了，我们无法从食物中获取充分的营养，就会营养不良。相反，如果胃里的盐酸太多，胃就会不舒服，我们就会感觉到胃疼。"路易斯老师继续说道，"再举个例子来说，如果土壤中的酸过多，土壤里原有的营养成分和帮助植物生长的微生物就会消失，植物就无法生长，那样一来，以吃草为生的动物就失去了食物来源，也就无法生存。同样的道理，如果水里的酸性物质过多的话，水里的鱼儿就会死去。"

155

"这本书已经很旧了。虽然新书的纸都很白,但经过很长一段时间之后,纸张就会泛黄。"

"为什么会这样呢,老师?"正言忍不住又问道。

"堆积如山的书里含有微量的酸。随着时间的推移,酸会慢慢地分解纸张。因此,书的纸张就会渐渐地泛黄,最终成为碎纸片。"

157

"酸还有杀灭细菌，防止食物变质的特性。妈妈们懂得这个道理，她们时常把洋葱、黄瓜这样的蔬菜泡到醋里储存。这样的话，蔬菜就不那么容易变质，可以储存更久的时间。我们经常吃的腌黄瓜，就是这么做的。"

"我们家前几天刚刚吃了可口的醋泡黄瓜呢！"民英眨着眼睛说。

159

"强酸甚至可以溶解岩石和铁，所以接触强酸的时候一定要非常小心，千万不要让强酸溅到皮肤上。工厂的废气或汽车的尾气，如果遇到空气和水，会形成强酸。这种物质一旦与雨水混合，就会形成酸雨。酸雨能腐蚀历史遗迹，比如埃及的金字塔、中国的云冈石窟等，都受到过酸雨的腐蚀。"

听到路易斯老师的话，孩子们感到非常惊讶。

酸雨能腐蚀由石灰岩或大理石构成的建筑物或雕塑，把它们变得面目全非。

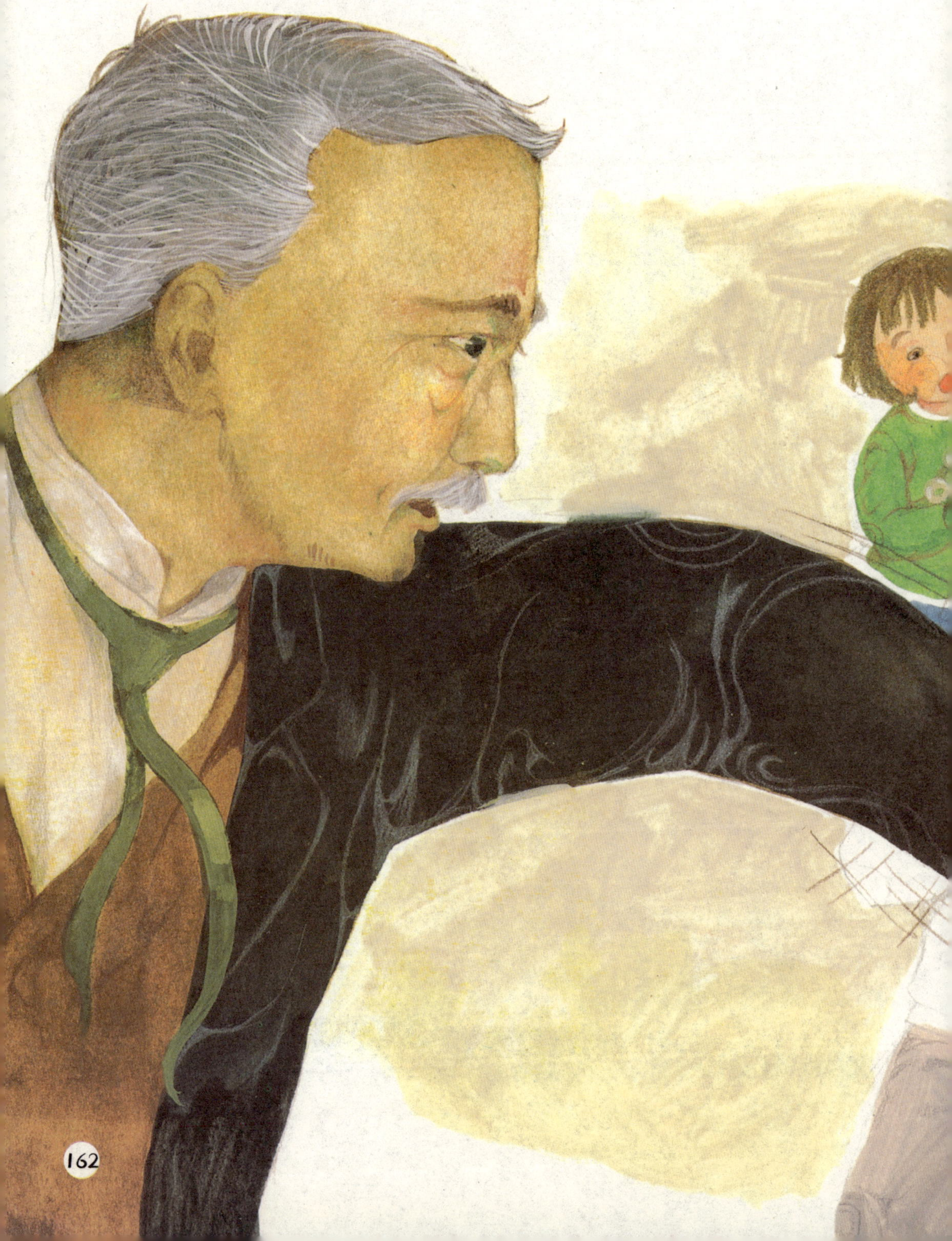

"碱的性质与酸刚好相反。碱有苦涩的味道,而且摸起来会很滑。"

"啊,食物里也有碱吗?"秀妍一下子从椅子上跳了起来问道。

看着秀妍的样子,路易斯老师笑了。

"肥皂、洗涤剂里面含有大量的弱碱,所以它们摸上去都很滑。但是,你们可千万不要因为好奇心,想通过品尝洗涤剂或肥皂来了解碱的味道,看看它们是不是像老师说的那样是苦涩的哦,这样做是非常危险的。"

肥皂是一种弱碱

快点跑过来！

不要玩泥了。

太脏了，我们洗手和衣服吧

❶

古时候，人们把木材烧成灰，再和水混在一起，当成肥皂使用。

不对！不对！是把像紫菜一样的海草晒干，然后烧成灰，和水混在一起用的。

❹

165

"烫发膏里含有强碱。如果经常烫发的话，会对我们的发质造成严重伤害。"

"老师，我跟着妈妈去烫过一次头发呢，我想把自己打扮得更漂亮一些。听了您的话，我决定以后还是不要再烫发了。"民英摸着自己的头发说。

路易斯老师摸了一下民英的头发。

"我们家中常备的洁厕灵这类产品里也含有强碱，不要说尝了，用手摸一摸都是很危险的。"

碱有很多种

碱的种类有很多。其中最具代表性的是叫做"草木灰水"的烧碱,也就是所谓的氢氧化钠。还有肥皂、洗涤剂和用来做点心的小苏打等都是碱性的。助消化剂、粉笔里都含有碱。

强碱和强酸一样,都是非常危险的。一定要小心,不要让它们溅到皮肤或衣服上。

"我们的身体中也含有碱。"

"老师,碱到底藏在我们身体的哪个地方呢?"正言又忍不住问了起来。

"说到我们身体里最具代表性的含有碱的部位,要属血液了。此外,我们肝脏里分泌的胆汁也是碱性的。"

169

"现在你们知道什么是酸和碱了吧？"

"知道啦！"孩子们用响亮的声音回答道。

"但是如何来区分酸和碱，你们知道吗？用手触摸或用嘴品尝都不行哦。"

路易斯老师的问题可把孩子们难住了，他们只能眨巴着眼睛看着老师。

"酸碱要通过指示剂才能区分出来。我们在酸或碱里放入指示剂，通过观察试剂颜色的变化来分辨酸性或是碱性。"

路易斯老师拿出一些红色和蓝色的纸，对孩子们说："这是石蕊试纸。它是一种指示剂，它遇到酸或碱后，颜色会发生变化。"

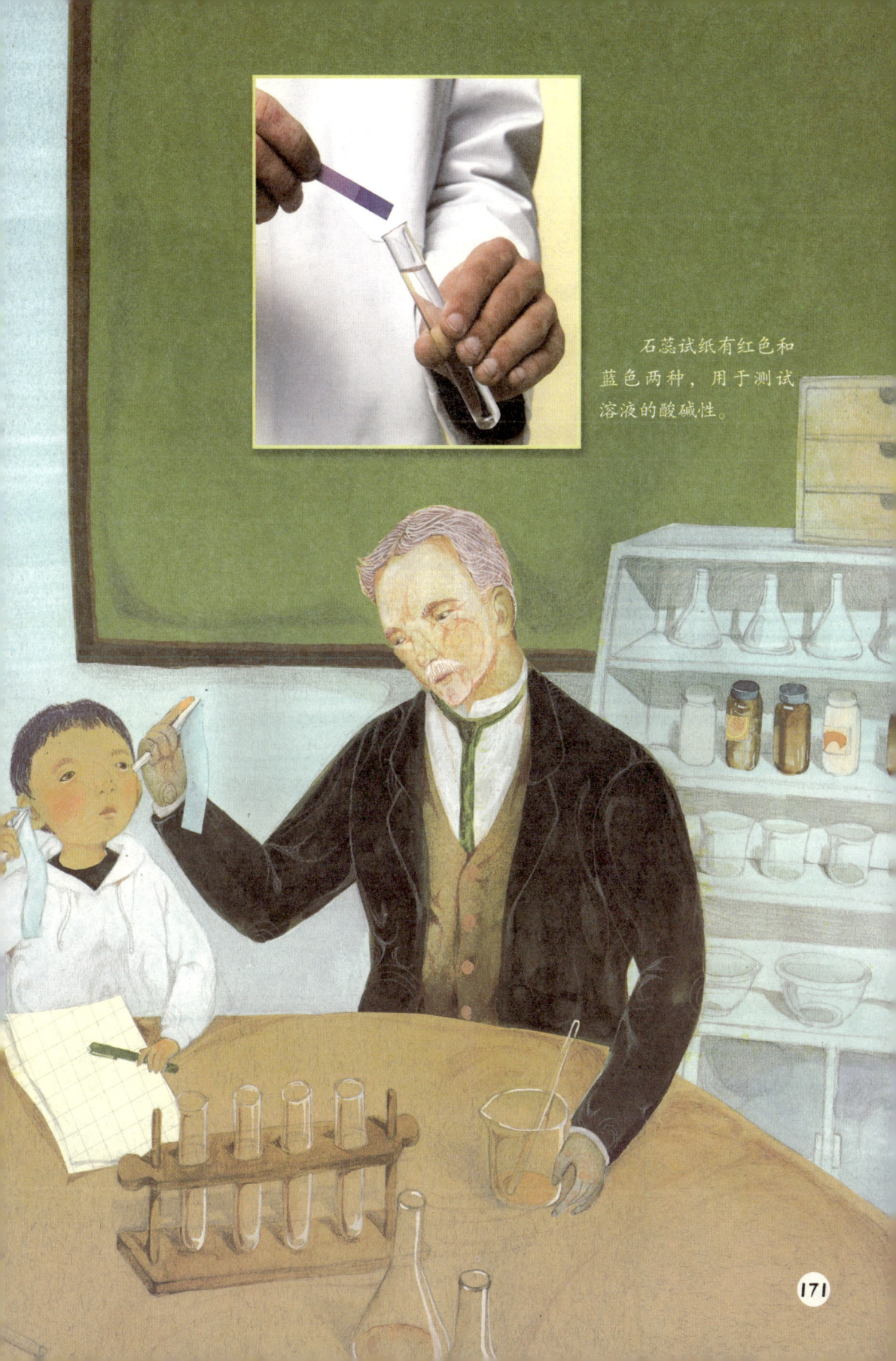

石蕊试纸有红色和蓝色两种，用于测试溶液的酸碱性。

"把蓝色的石蕊试纸放入食醋里，会发生什么呢？"路易斯老师环视了一下孩子们，然后问道。

"会变成红色。"正言肯定地回答。

"是的。那么把红色的石蕊试纸放入洗涤剂里，又会发生什么呢？"

"会变成蓝色。"这次，秀妍大声地回答。

洗涤剂

食醋

"大家回答得都很好。这一次,我们把酸和碱混合在一起,看看会发生什么呢?"路易斯老师微笑着说。

"酸和碱混合在一起,会发生中和反应。中和之后,它们的酸性和碱性就都没有了。根据这个原理,被含碱的马蜂蛰了之后,擦上些食醋、柠檬这样的弱酸性物质之后,伤口就不那么疼了。蚂蚁含有酸性,被蚂蚁咬后要擦氨水、肥皂水这样的碱性物质。"

175

"鱼之所以会发出腥味,是因为鱼的身体里含有碱。做菜的时候放一点弱酸的柠檬汁进去,腥味就会消失。酸性过强的土壤里,植物无法生长,撒入一些石灰,酸性就会减弱。"

孩子们纷纷点头,表示听懂了。

"有关酸和碱的故事,是不是很有意思呀?"

"是!"孩子们齐声答道。

由于化肥和酸雨的作用,水田和土地的含酸量较高。撒入石灰后,酸性就会降低了。

中和

酸和碱相遇后发生反应，双方的酸性和碱性就会消失。

水、牛奶、山上的绿茶都是无酸无碱的中性溶液。

酸性溶液和碱性溶液按比例混合后，酸性和碱性相互抵消，变成了中性溶液。像这样酸性和碱性消失的过程，就叫做中和。

阅读课

找一找食物中的酸

酸的种类非常丰富，几乎随处都能找到。食物、树叶、蚂蚁和我们的身体中都有酸的存在。下面，我们来仔细找一找，在我们平常吃的食物当中都含有哪些种类的酸吧。

腌菜中含有乳酸

腌菜是一种美味的食品。刚做好的腌菜并没有酸味，可随着时间的推移，腌菜就会慢慢变酸。这是为什么呢？这可都是人类肉眼看不见的微生物们的功劳，它们在腌菜中制造了乳酸。乳酸可以消灭肠道中对人体有害的一些细菌，所以，经常吃含有乳酸的食物，对肠道是非常有好处的。酸奶中也含有乳酸。同样的道理，酸奶是由牛奶发酵而成的。

水果富含酸类，能帮助我们缓解疲劳，促进消化。

水果里含有多种多样的酸

我们吃的水果中，有好多都有一种酸酸甜甜的味道。水果的味道各有不同，它们当中含有的酸也各不相同。柠檬和橘子中含有柠檬酸，葡萄中含有酒石酸。在制作酒、饮料过程中广泛应用的梅子中含有柠檬酸、苹果酸、琥珀酸、酒石酸等。

利用酸的性质

在电影或传说当中，也可以找到很多运用酸的例子。电影《外星人》和法国小说《蚂蚁》中，就出现了用强酸击败敌人的故事，在有关埃及艳后、汉尼拔将军的传说里也有利用酸克服困境的故事。

把酸作为武器

在电影《外星人》里曾出现过一种怪兽，它是迄今为止人们所见过的最敏捷的怪物。这种怪兽最强大的武器，就是强碱性的唾液和强酸性的血液。在电影中，它们能用唾液和血液腐蚀宇宙飞船的甲板，还能一口把人吞掉，就是利用了强酸可以腐蚀金属，破坏蛋白质的特性。在伯纳德·韦伯的小说《蚂蚁》中，也出现了蚂蚁们投射蚁酸攻击敌人的场面。

蚂蚁或蜜蜂的体内有一种叫做蚁酸的酸，我们的皮肤接触到蚁酸就会起水泡。

关于酸的"隐藏"特性的传说

传说埃及艳后克娄巴特拉为了拉拢罗马将军安东尼,饮用溶蚀了珍珠耳环的食醋,让自己变得更漂亮。还有传说迦太基的汉尼拔将军为了攻打罗马,越过阿尔卑斯山脉时,使用食醋腐蚀掉挡路的大石块。类似这样的事情只会在传说中出现,在现实中,如果真的要发生像故事当中所说的那种反应,却是需要很长时间的。

汉尼拔将军遇到了挡住道路的大石块,他用火把石块烧热,再把食醋浇在上面,很快石块就碎了。

用醋泡食物 妙处多多

　　醋是人们常用的调味品，其药用价值也非常高。医学研究发现，经过醋浸泡过的食物有防治疾病的作用，特别是对防治高血压、冠心病、糖尿病、肥胖症、感冒、干咳及延缓衰老有着特殊功效。

　　醋泡大蒜：将去皮的大蒜瓣放入水中浸泡一夜，滤干后倒入食醋，浸泡50天后即可食用。每天吃2～3瓣醋泡大蒜，并少量饮用经过稀释3倍的醋浸汁，有解热散寒、预防感冒、强身健体的功效。

　　醋泡花生米：将花生米浸泡在食醋中，24小时后食用，每日2次，每次10～15粒。长期坚持食用可降低血压，软化血管，减少胆固醇的堆积，是辅助防治心血管疾病的保健食品。

醋泡香菇：将洁净的香菇放入容器内，倒入醋后放进冰箱冷藏，一个月后即可食用。醋浸香菇能降低人体内的胆固醇，有助于改善高血压和动脉硬化患者的症状。

醋泡黄豆：将炒熟的黄豆放入瓷瓶中，倒入食醋浸泡。黄豆与食醋的比例为1:2，密封后置于阴凉通风干燥处，7天后食用。每次服用15~20粒，每日3次，空腹嚼服。有辅助防治高血压与降血脂、降胆固醇的作用，可预防动脉粥样硬化。

原来醋泡的食物不仅好吃，还这么有营养呢！小朋友们，快行动起来，利用家里的材料自己动手做美食吧！

小书桌

了解溶液的性质

我们在前文中接触了有关溶液的性质。我们可以根据溶液不同的颜色或气味把它们分类，也可以通过各种指示剂来分类。

溶液分类的方法

利用红色或者蓝色的石蕊试纸和酚酞试液可以把具有酸的性质的酸性溶液、具有碱的性质的碱性溶液，还有既不显酸性也不显碱性的中性溶液准确地分类。当溶液是酸性时，红色的石蕊试纸不变色；蓝色的石蕊试纸会变成红色的；滴入酚酞试液，不会发生任何变化。相反，当溶液是碱性溶液时，蓝色的石蕊试纸不会变色；红色的石蕊试纸会变成蓝色；滴入酚酞试液，会变成红色。中性溶液不具备酸或碱的性质，所以无论用石蕊试纸，还是倒入酚酞试液，它们都不会有反应。

尽管我们可以通过颜色、气味、透明度等标准来分类，但是为了更准确地把溶液进行分类，还必须确定非常科学的分类标准。

制作指示剂

我们可以利用周围的植物来制作酸碱指示剂，比如，用紫色的卷心菜、玫瑰花等制成的指示剂，可以通过颜色的变化来判断溶液的酸碱性质。用紫色卷心菜制成的指示剂在酸性溶液中会变成红色，在碱性的溶液中可以变成浅绿色或者蓝色。红玫瑰的汁液制成的指示剂是浅杏色的，但遇到酸性溶液时会呈现红色，遇到碱性溶液时会变成绿色或蓝色。除此之外，喇叭花、葡萄、黑豆等都可以制成指示剂。

用喇叭花制成的指示剂在酸性溶液中会变成红色，在碱性溶液中会变成蓝色。

pH测试计可以将溶液的酸碱度用准确的数字显示出来。一般来说，科学家用数字0到14来表示溶液的酸碱度，其中，数值7代表中性，数值比7小就是酸性，比7大就是碱性。

了解生活中常见溶液的性质

　　利用指示剂，我们能很容易地知道生活当中一些常见溶液的酸碱性质。在果汁、碳酸饮料、食醋中加入指示剂会有酸性的反应，在洗发露、护发素中会有碱性的反应。水、绿茶是看不到任何反应的中性溶液。利用pH测试计或pH试纸不仅能知道溶液的酸碱性，还能知道它们的酸碱度。

名人故事

杰出的"伯乐"

1912年,路易斯成为加利福尼亚大学伯克利分校的老师,后来又做了学校理学院院长兼化学系主任。在他任教的33年里,由于他出色的教学和研究工作,学校里出现了一大批优秀的学生。

路易斯十分重视基础教育,他要求化学系的所有教师都要给学生们上课,并且他选了最好的老师给低年级的学生上课,帮助他们打好基础。路易斯认为学生只有在低年级时打下扎实的底子,才能学好高年级和研究生课程。

路易斯还十分支持美国《化学教育》杂志,他经常在美国《化学教育》杂志上发表自己的论文,而且还派出好几名知名

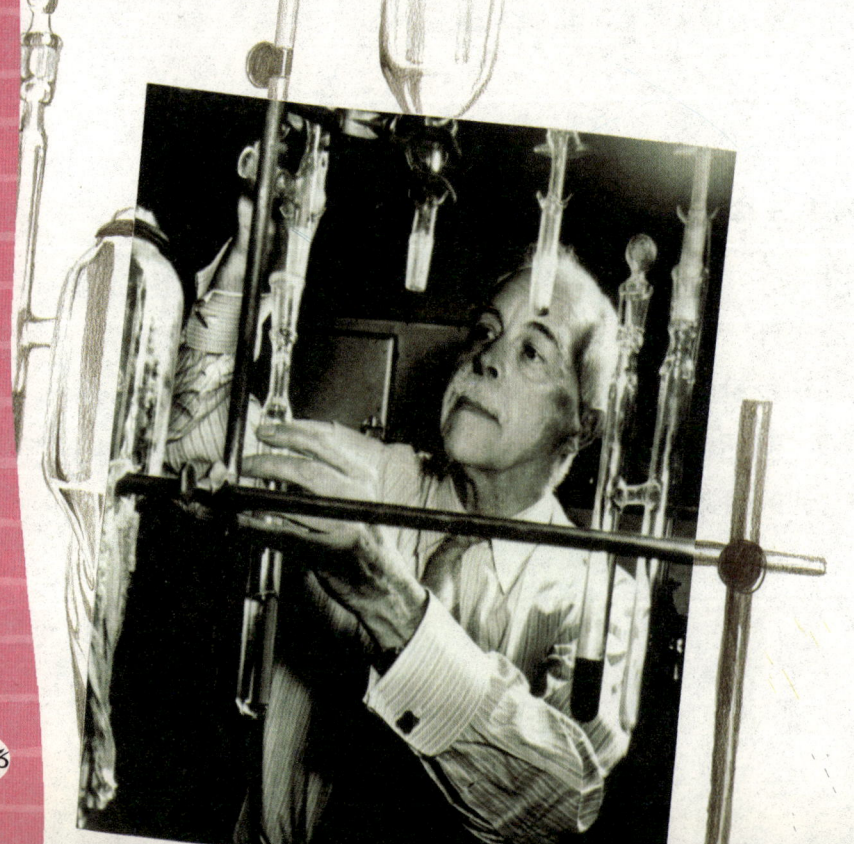

教授去杂志社从事管理和编辑工作。美国《化学教育》杂志在路易斯的大力支持下，口碑和声誉越来越好，成为全球化学教育领域最权威的一本杂志。

路易斯一直坚持以积极启发、独立思考、因材施教等方法教育学生，慢慢地，伯克利分校化学系的优秀人才越来越多。虽然路易斯自己没有得过诺贝尔奖，但在他领导和指导的研究生中有五人获得过诺贝尔奖。

1946年，路易斯教授因病去世，在他安葬的那一天，来自世界各地的唁电像雪片似的飞到伯克利市。路易斯的亲友、同事和学生们，都赶来送路易斯教授最后一程。这应当称得上是科学史上最荣耀的送葬队伍之一了，因为这其中有五位诺贝尔奖得主。路易斯不仅自己取得了非凡成就，还凭借着诲人不倦的精神培养了许多化学领域的人才，他堪称当今化学界最杰出的"伯乐"。

实验室

怎样才能判断酸性和碱性呢？

我们身边有很多种溶液，根据各自性质的不同可分为酸性、碱性、中性。为了了解溶液的酸碱性质，下面我们行动起来，自己动手制作卷心菜指示剂，然后把这种指示剂滴入不同的溶液里，看看溶液的颜色会发生什么变化，这样就可以根据颜色的变化，来给溶液分类了。

请准备下列物品：

半棵紫色的卷心菜　烧杯　剪刀　酒精灯　筛子　滴管　透明玻璃杯3个，分别装有水、食醋、肥皂水

一起来动手：

1. 切一些紫色卷心菜的菜叶放到烧杯里，再往烧杯内加水，使水没过卷心菜，把水烧开。
2. 当烧杯内的水变了颜色后，把酒精灯灭掉，把水放凉，再用筛子过滤出卷心菜菜叶，这样一来，我们的卷心菜指示剂就做成啦。
3. 在装有食醋、肥皂水和水的杯子中分别滴入卷心菜指示剂。
4. 观察各个杯子中的溶液颜色会发生什么变化。

1. 切一些紫色卷心菜的菜叶放到烧杯里，再往烧杯内加水，使水没过卷心菜，把水烧开。

2. 当烧杯内的水变了颜色后，把酒精灯灭掉，把水放凉，再用筛子过滤出卷心菜菜叶，这样一来，我们的卷心菜指示剂就做成啦。

3. 在装有食醋、肥皂水和水的杯子中分别滴入卷心菜指示剂。

4. 观察各个杯子中的溶液颜色会发生什么变化。

实验结果：

装有食醋的杯子里的溶液会变成红色，装有肥皂水的杯子里的溶液会变成绿色，装有水的杯子里的溶液颜色没有任何变化。

为什么会这样？

食醋是酸性溶液，所以滴入卷心菜指示剂时就会变成红色；肥皂水是碱性溶液，所以会变成浅绿色；水既不是酸性也不是碱性，而是中性，所以颜色不会变化。

道尔顿 讲 原子

约翰·道尔顿

（1766—1844）

道尔顿出生在英国的坎伯兰郡，他没有上过学，但是他擅长自学，对科学有着浓厚的兴趣，尤其喜欢研究气体。他通过对气体的研究，得出了一个结论，物质是由微小颗粒，即原子构成的。道尔顿对原子的研究极大地推动了化学的发展。

约翰·道尔顿

很早以前，古希腊的德谟克利特认为，如果把世界上所有的物质进行切分的话，最后一定会剩下不能再切分的物质，这种物质叫做原子。之后，又过了很久，英国化学家道尔顿从科学事实出发得出结论，所有物质都是由原子组成的。科学发展至今，我们已经能够证实，原子是真实存在的。下面我们就一起去了解一下道尔顿和原子的故事吧！

年月**日

今天,我带着好多好多问题向道尔顿老师的家走去。老师今天一整天都在家里做实验。

每当我有问题的时候,我马上就会想到去请教道尔顿老师。

见到道尔顿老师的时候,他一只手里拿着实验器具,另一只手不知道在本上写着什么。

"老师,您好!我是努里。"

"快进来,我们的问号大王今天又有什么新问题啦?"

老师和我打着招呼,但眼睛却一直没有离开实验器具。

197

"我有一个疑问。"

"什么呀？说说看。"老师这才抬起头来，看着我的脸。

"原子是什么？"

"我们的小努里今天怎么突然对原子感兴趣了呀？"听到我问"原子"，老师的脸上露出了惊讶的神情。

"我在电视里听到的，不知道是什么意思。"

老师想了一会儿，走到旁边把一块比萨盛到了盘子里，端着盘子朝我走了过来。

比萨喷香扑鼻的味道弥漫在整个房间。

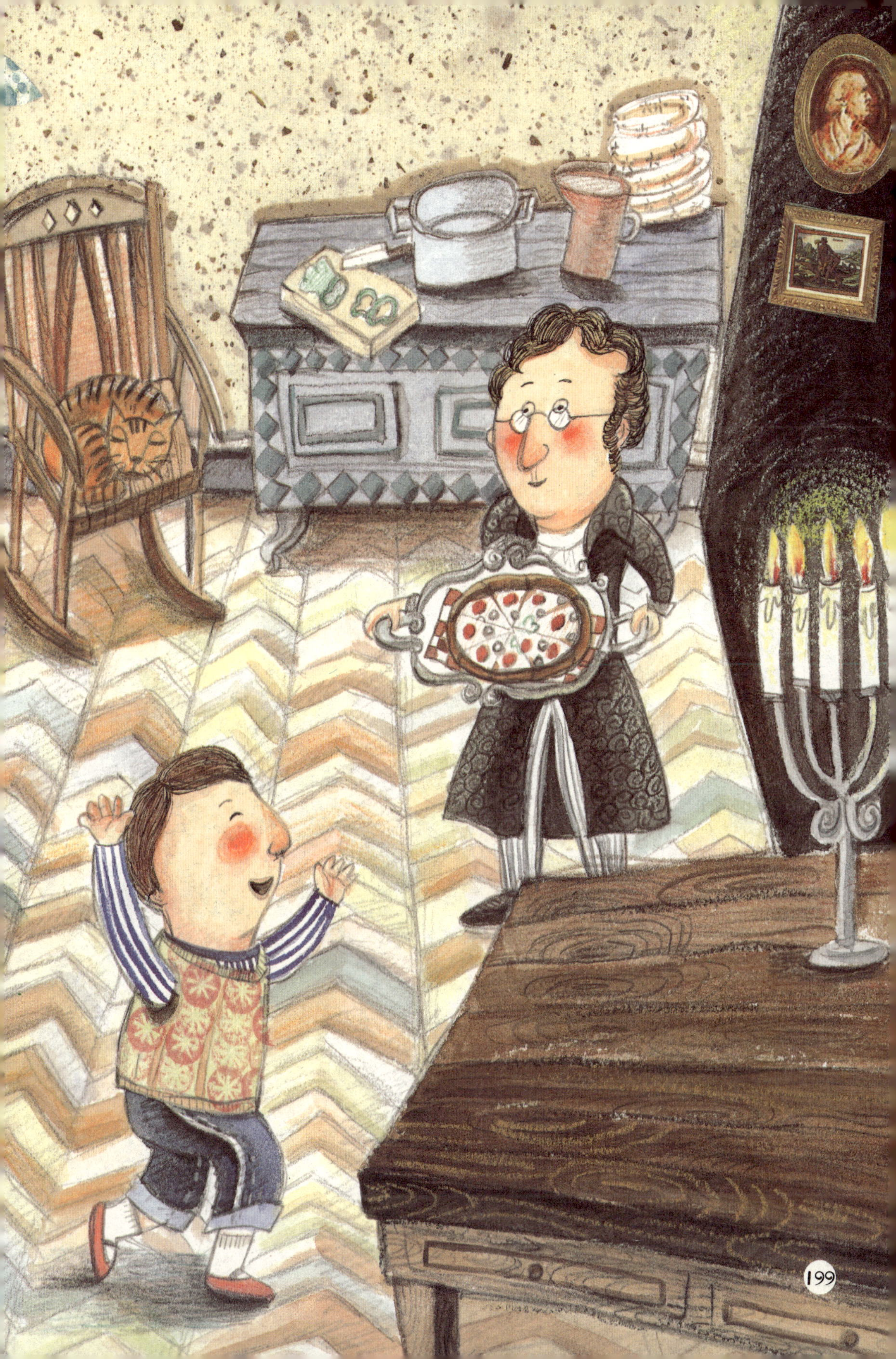

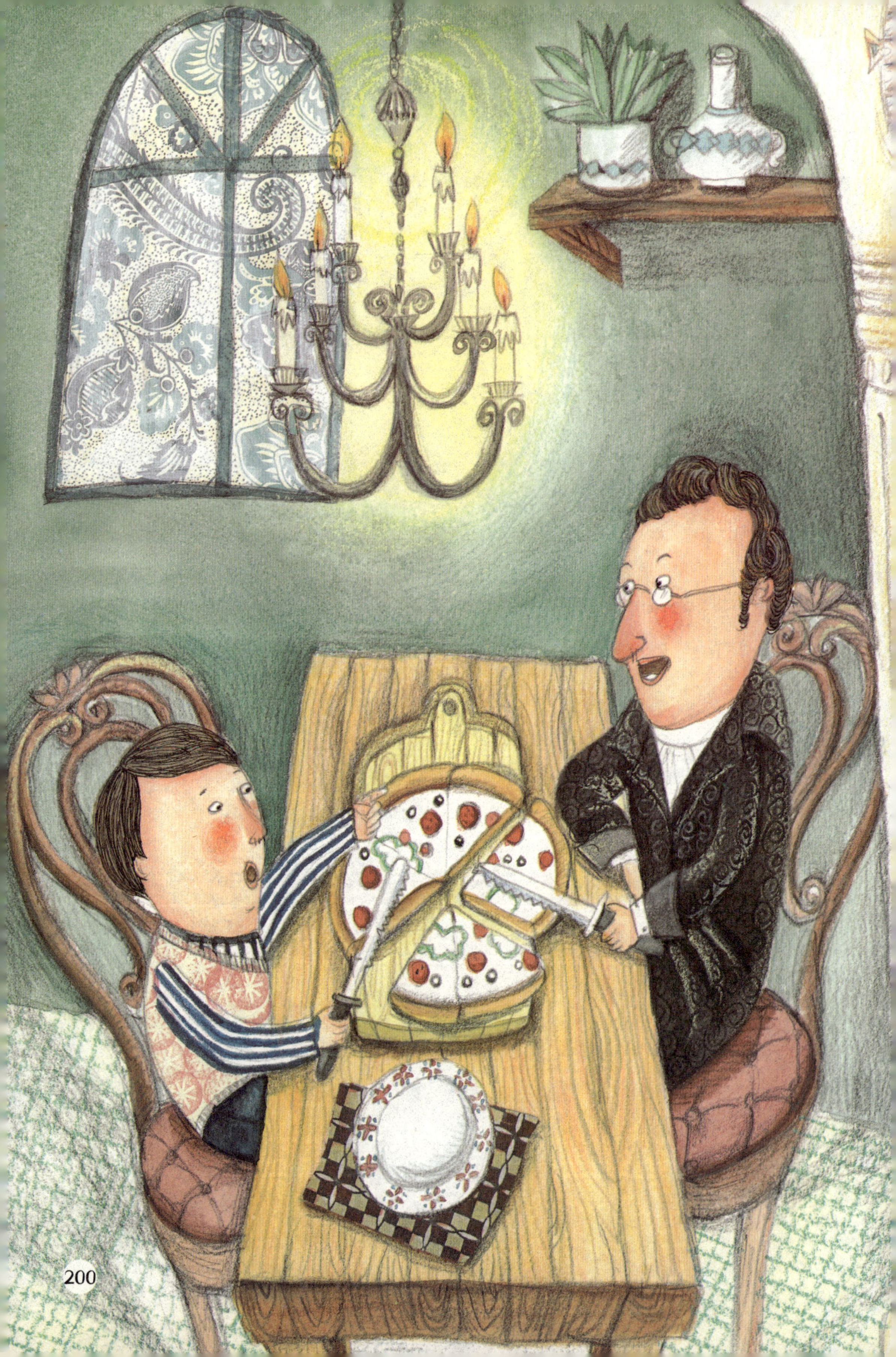

但是，老师并没有请我吃比萨，而是突然说了一些莫名其妙的话："努里呀，试着把这个比萨切成两半。"

"嗯？难道拿来不是给我吃的吗？"

虽然心里这么嘀咕，但我还是按老师的吩咐将比萨分成了两半。

"嗯，不要停下来啊，再把分开的这两半各分成两半。"

"又要分？"我一边摇晃着脑袋，一边又把比萨分成了两半。

"接着往下分。"老师还是没让我吃比萨。

看着香喷喷的比萨，我馋得口水都要流下来了，没办法啊，我只能继续切比萨。

最后，比萨被我分成了许多个手指甲一样大小的小块儿。

"哎呀，要分到什么时候呀？"

趁老师的视线转向别的地方，我赶忙拿起一块比萨饼，想趁机偷偷地吃一块。正准备塞到嘴里时，老师突然看了过来，我又赶忙放了下来。

"努里呀，你是真的对原子感兴趣吗？"

没有办法，我只能继续分呀分。

"老师啊，这个比萨已经不能再分下去了。"我非常郁闷地说。

老师笑着说："比萨是可以分得更小的。但是，如果继续分的话，最终会分到不能再分的小颗粒，那种小颗粒就是原子。"

203

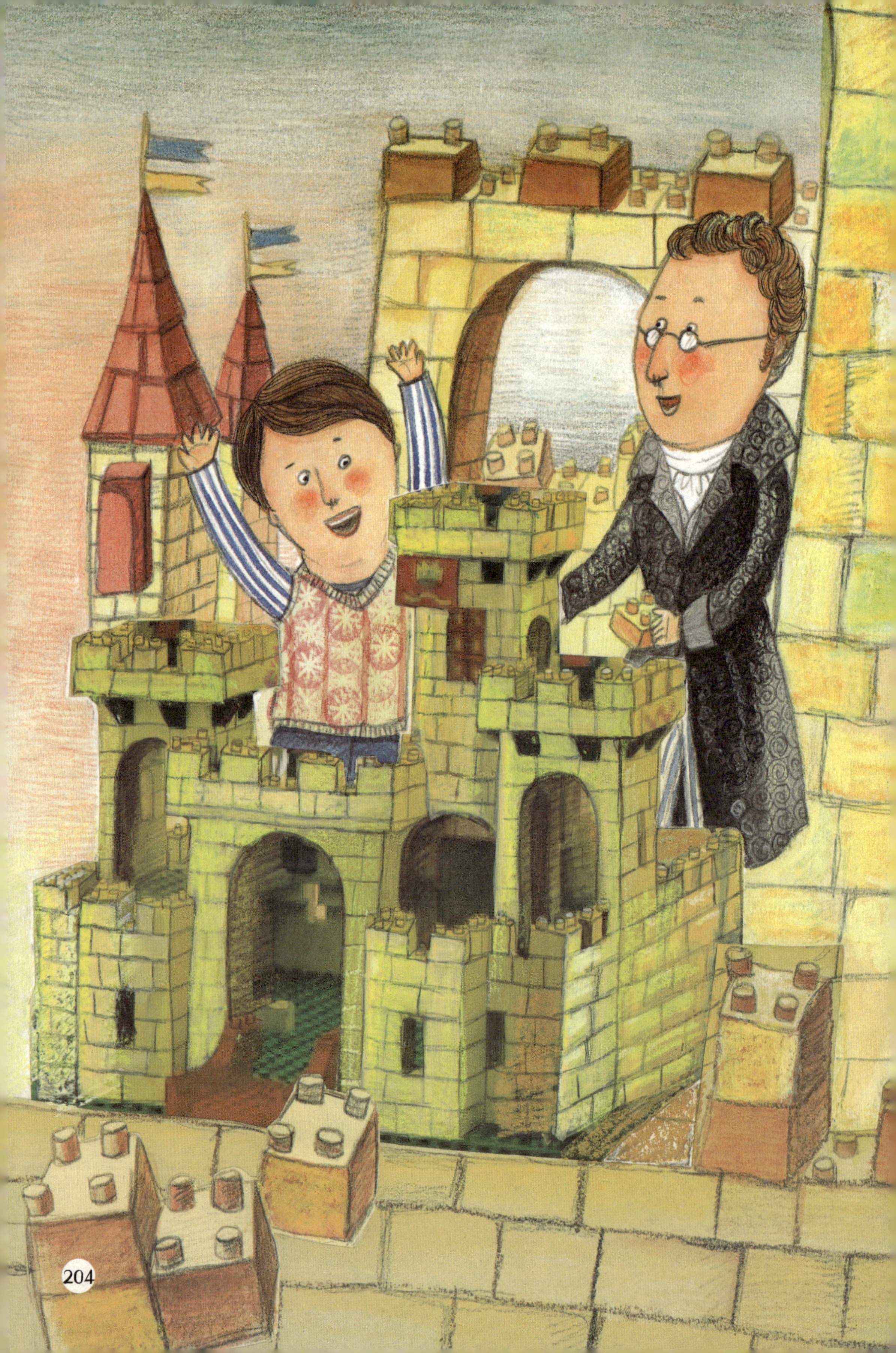

"不能再被划分的小颗粒就是原子吗？"我不太明白老师的解释，"老师，我没听明白。"

老师从仓库里拿了一个蓝色的箱子，里面装满了积木，他要和我一起搭一个大的城堡。

老师和我把积木一个一个地堆起来，建成了一个好大的城堡。

"哇，太棒了！"我高兴地喊了出来。

老师笑着说："你看，这么大的城堡也是由一个一个小的积木组成的，对吧？原子呢，就像是建造城堡的这些小积木一样。"

"还有这桌子上的铅笔和纸,也是一样的。如果你对它们进行分割的话,它们最终也都会变成原子。我们每天喝的水和呼吸的空气,还有天空中的星星和月亮都是由原子组成的。"

"哦,原来是这样呀。那么,我也是由原子组成的喽?"

"当然啦,所有东西都是由原子组成的,你也不例外啦。"

207

"这支铅笔里的笔芯，是由一种叫做石墨的东西做成的。如果不断分割石墨的话，最终会出现碳原子。努里呀，你知道什么是钻石吗？"

"知道！不就是妈妈戒指和项链上镶嵌的那种闪闪发光的宝石吗？"

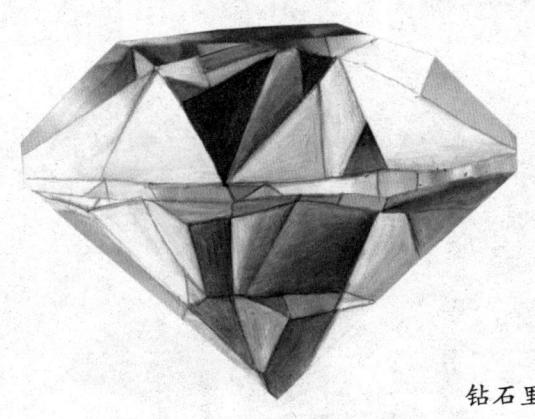

钻石里面的一个碳原子与其他四个碳原子结合，形成正四面体的形状。

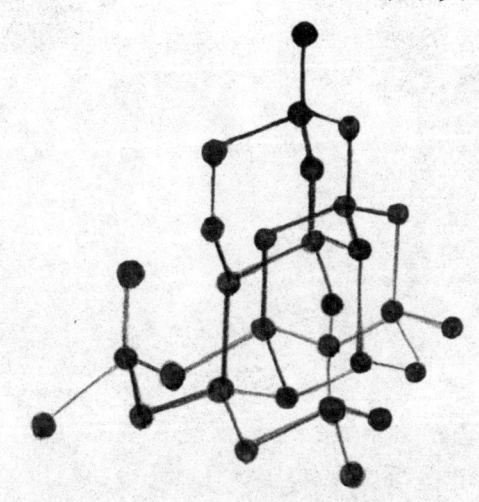

"嗯，没错。要是不断切割闪闪发光的钻石，最后就会剩下和石墨一样的碳原子。"

"真的吗？可石墨和钻石看起来完全不一样呀！"

"这是因为原子们聚集的方式不一样。"

我觉得原子就像魔术师一样，太神奇了！

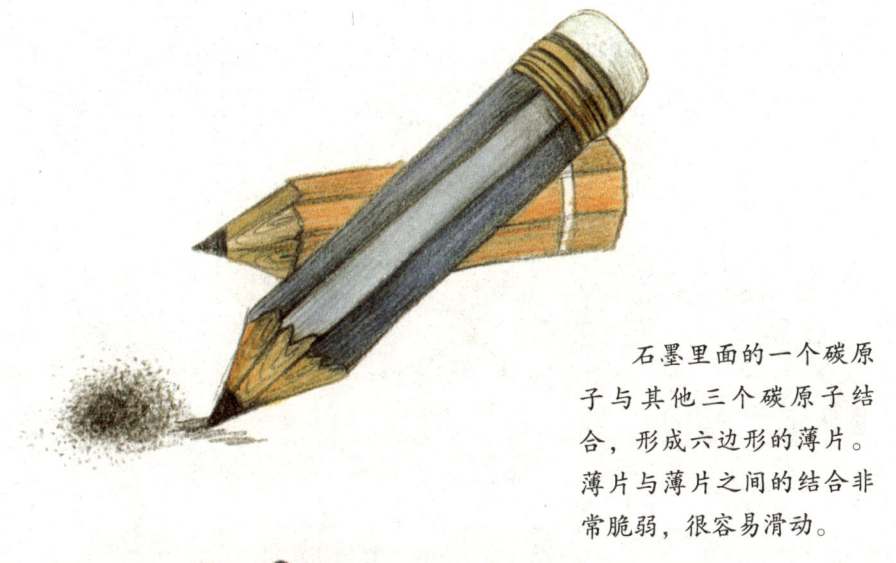

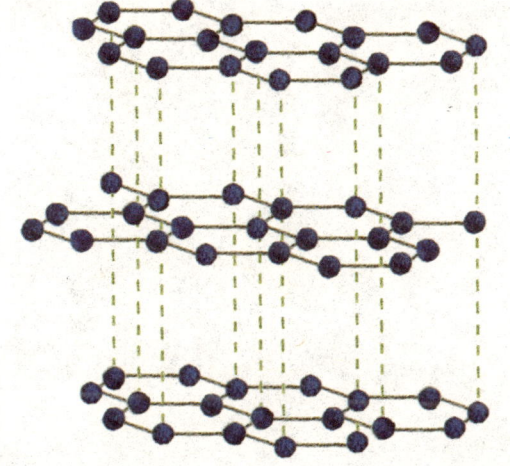

石墨里面的一个碳原子与其他三个碳原子结合，形成六边形的薄片。薄片与薄片之间的结合非常脆弱，很容易滑动。

碳原子站队的方式不一样

原子的聚集方式不同,所以呈现出的形状也不同。我们是碳原子。我们藏在制作铅笔芯的原料石墨里。

你们是碳原子?我们也是碳原子!但我们居住在美丽的钻石里!

❶

你说什么?

❸

210

真的吗？同样是碳原子，待遇怎么会这么不一样呢？
这个嘛，我们也觉得很自豪！
2
你们是四个人吧。我们可是五个人紧紧地牵着手哦！我们形成了网状，所以是非常结实的！
哼，你们真讨厌！
4

"老师，原子到底有多大呢？"

"原子非常非常小，小到我们用肉眼根本看不到。"

老师拿出尺子，在墙上画了一条竖线，线的长度和我的身高差不多。我站在一旁看这条线的时候，线正好在我的眼睛下方。

"老师，我比这条线高多了。我的身高是125厘米哦。"

"这条线是100厘米，不是用来测量你身高的，是用来数原子数的。如果从地板上开始垒原子的话，依次排开，要用100亿个原子才能垒成线这么高。"

10,000,000,000

100

100

50

15

1

"我还是不知道100亿个原子到底有多少,这个数太大了!"

"世界上的总人口约有60亿,这100厘米内的原子数比地球上的人数多多了,现在明白了吗?"

"哇,我明白了,原子可真小啊!"

我突然觉得自己变成了一个巨人。

"原子太小,肉眼看不到,但科学家们正在尝试使用一种特殊的电子显微镜来观测原子。在显微镜里,原子就像是一个一个小球。"

100

7,000,000,000 > 6,000,000,000

100 cm

215

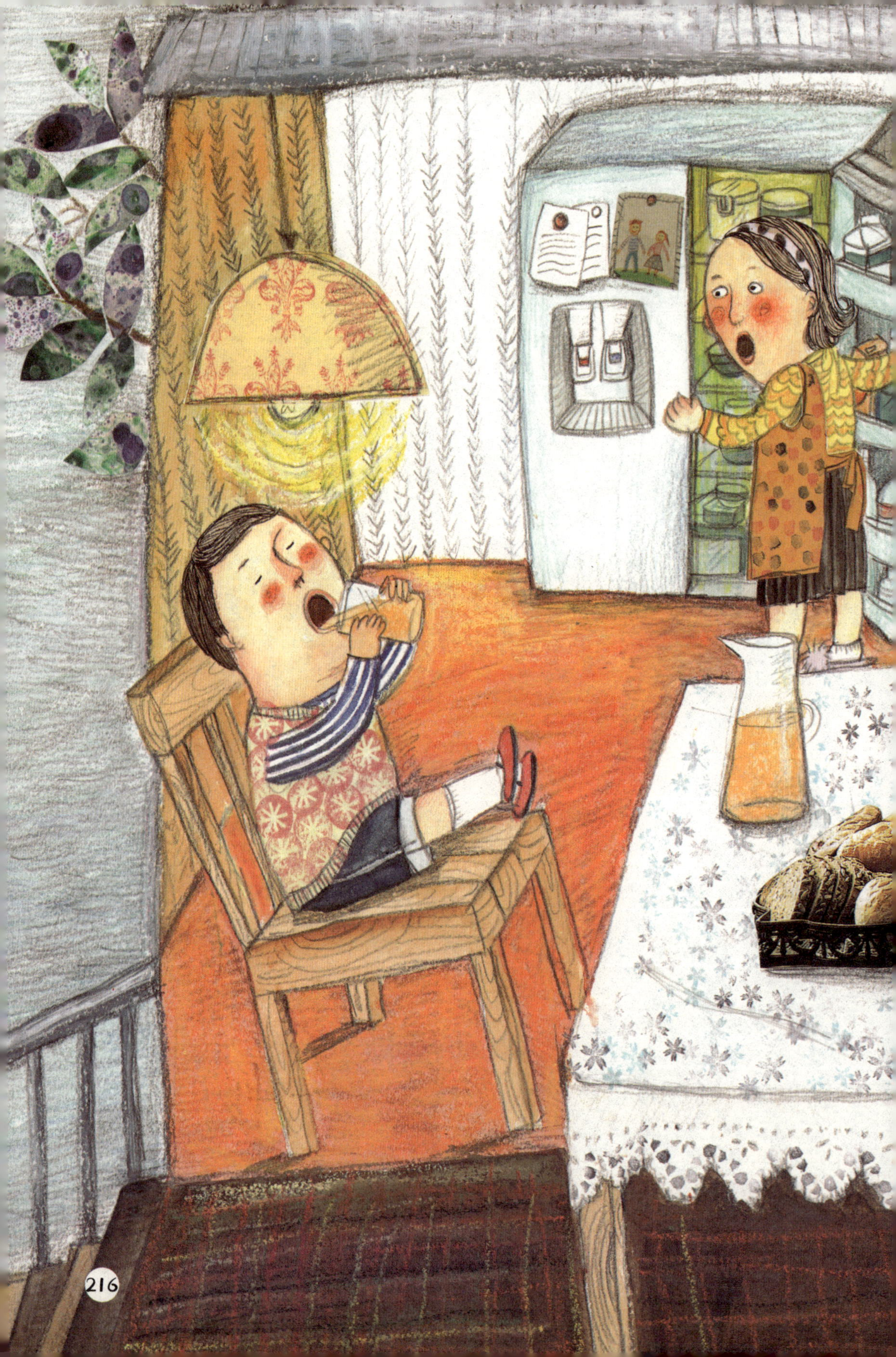

我认真听完老师讲的故事后回到了家里,感觉非常口渴。

"妈妈,我要喝水。"

妈妈打开冰箱,拿出果汁给我。我咕咚咕咚地大口喝了起来。

"嗯,原子们到了我的身体里,好舒服啊!"

"什么?你,你说什么?"妈妈看着我,完全不懂我在说什么。

"哇!"

我太专心地思考原子这件事情,结果一不小心,把果汁洒在了地上。

飘洒的果汁在我眼里,感觉像是许许多多的原子像小球一样滚落了下来。

年月**日

今天，道尔顿老师说有事找我，约我在水果店前见面。

我刚一到，老师就拿出了半个桃子。

老师说，如果把原子切成两半，就像切开桃子一样，中间有一个核，这个核是桃子的种子。

"以前人们认为，原子是不能再分的。科学家们通过研究证明，原子可以再分成像种子一样的东西，我们称这些种子为原子核。围绕原子核的微小粒子叫做电子。"

知识加油站

原子和元素

原子和元素是不一样的。原子是构成物质的最小粒子，一种物质通常是由多种原子构成的，但是，元素是由一种原子构成的。举个例子来说，水由氧原子和氢原子组成，所以它不是元素。但是，纯金是由金原子组成的，所以它是元素。

核 — 电子

220

"嗯，电子在原子里面，那它是不是更小啊？"

"当然啊。我们的努里连这个都能理解，真是太棒了！"

得到了老师的表扬，我心里不禁乐开了花。

"如果说一个原子的大小相当于一个大的棒球场，那么，原子的核就好像是棒球场中的一枚硬币，而电子就像是棒球场边上的沙粒。这样说，你能明白吗？"

"是的，我现在知道了。"以前我和爸爸经常一起去棒球场看比赛，所以我一下子就明白了。

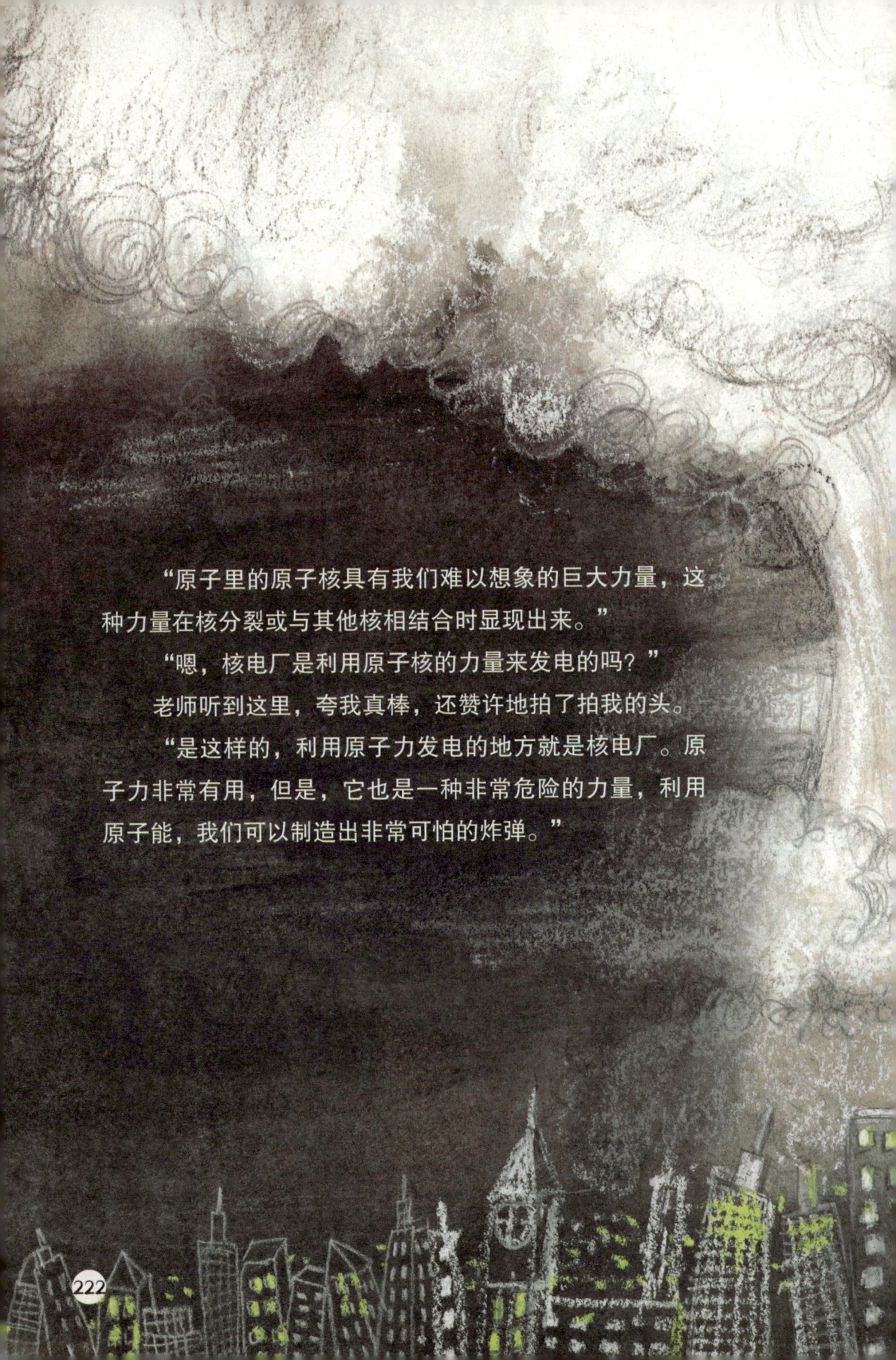

"原子里的原子核具有我们难以想象的巨大力量，这种力量在核分裂或与其他核相结合时显现出来。"

"嗯，核电厂是利用原子核的力量来发电的吗？"

老师听到这里，夸我真棒，还赞许地拍了拍我的头。

"是这样的，利用原子力发电的地方就是核电厂。原子力非常有用，但是，它也是一种非常危险的力量，利用原子能，我们可以制造出非常可怕的炸弹。"

知识加油站

原子弹具有可怕的威力

在第二次世界大战中,许多国家都曾饱受战争的创伤。为了结束战争,美国和英国等多个国家联合起来对抗挑起战争的日本和德国。后来德国宣布投降,但是日本却拒不投降。所以,美国向日本的广岛和长崎投放了原子弹。日本遭到了致命的打击,在原子弹的威慑下,日本很快就投降了。

我知道了，科学家们证明了肉眼看不到的原子的存在，原子还能够继续分离，这可真是太神奇了！

　　"科学技术真是太了不起了！"

　　"是啊，这就是科学的力量。好了，今天就到此为止吧。我饿了，咱们去吃比萨怎么样？"

　　"老师，我今天不想分比萨了，我想把整个比萨都吃掉。"

　　"你说什么？你可是通过分比萨才了解到原子的哦。"老师轻轻地在我的头上弹了一下。

　　"嘿嘿，那倒是！"

　　想到马上就能吃到好吃的比萨，我心里别提有多高兴了。

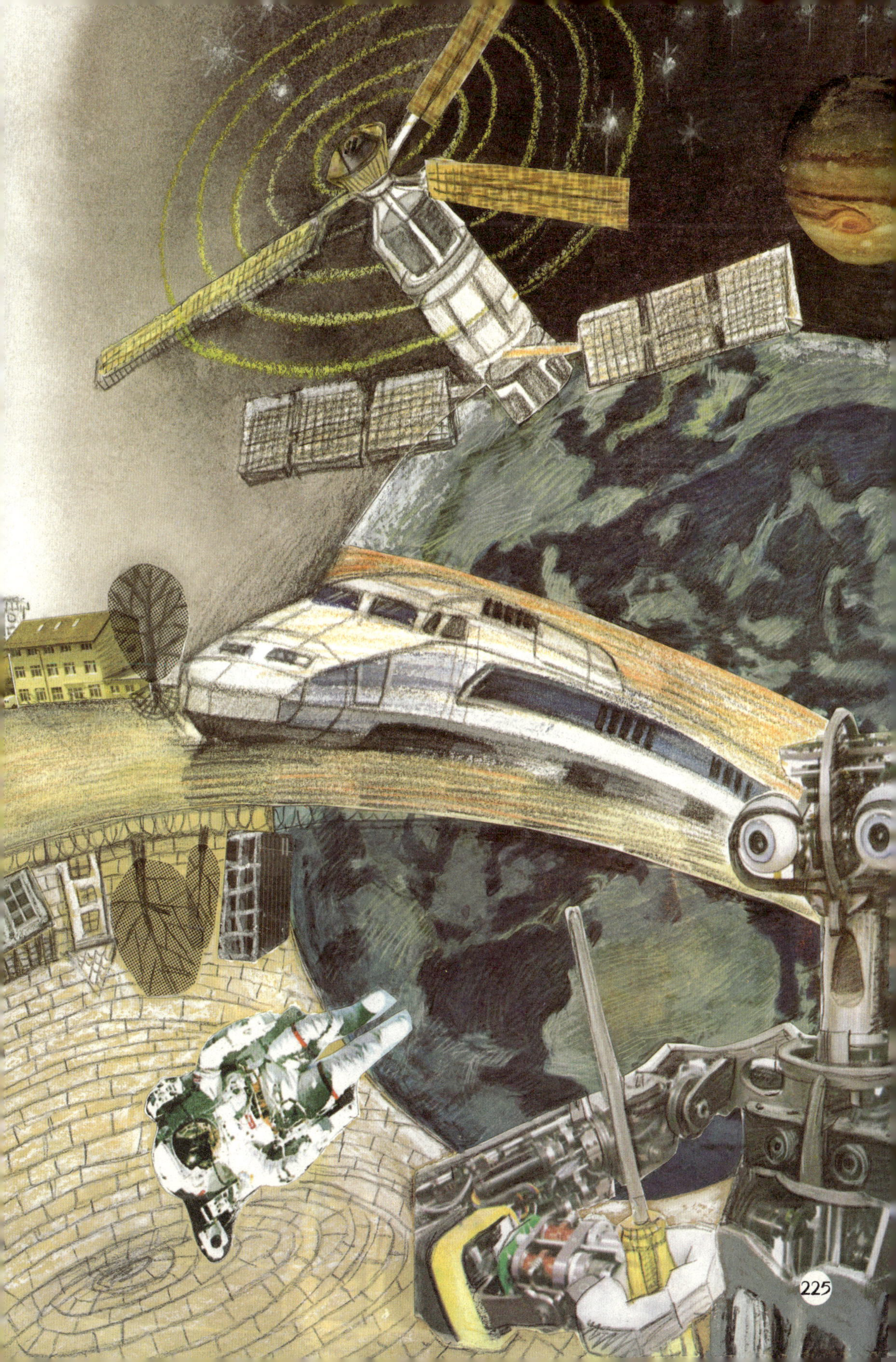

阅读课

利用放射能

原子不停地在运动，有时活跃，有时不活跃。不稳定的原子核会自发地放出射线，这种现象叫做放射性。

治疗癌症

生病不是什么好事情，最可怕的疾病应该要属癌症了，很多人就是被这种疾病夺去了生命。治疗癌症的方法有许多种，其中一种不需要用刀，而是利用放射线来切除癌细胞。在这种技术刚发明出来的阶段，我们还不能很好掌握，在切除癌细胞的同时也会伤害到我们身体其他正常的器官。现在，随着医学科学的发展，放射技术已经更精确、更成熟了。

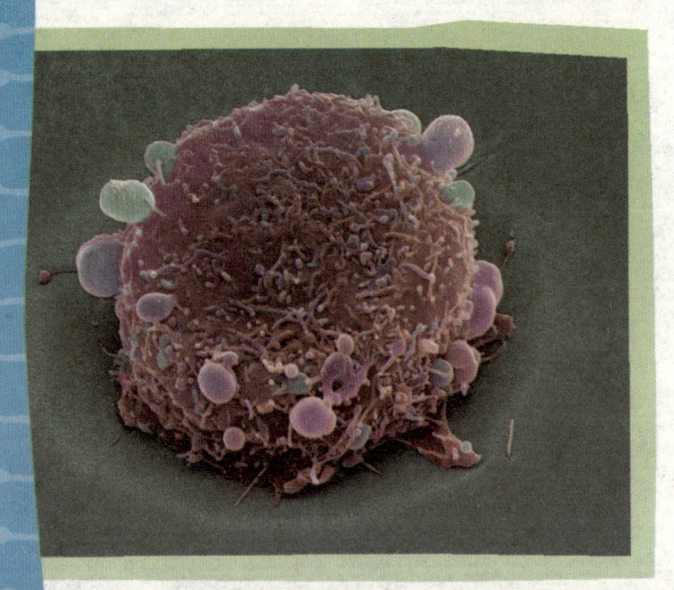

这是长在肺上的癌细胞。癌细胞的形状、大小和正常细胞是不同的。

火灾警报

火灾报警器在发生火灾的时候会发出声音信号，提醒我们着火了。火灾报警器里有一种叫做镅的放射性物质，镅担任着报警的作用。报警器里的镅一遇到烟雾，就会引起报警器里的电流变化，从而发出警报声。

火灾报警器自动报警

对原子的研究

科学的发展依靠科学家们不懈的努力。原子的研究成果不断出现，也得益于原子研究专家们一直以来的探索。道尔顿以及他的后继者们让我们对原子有了更新的认知。

汤姆逊(1856-1940)发现了电子

英国的实验物理学家汤姆逊利用玻璃管做实验，在原子中发现了电子。

汤姆逊画的原子模型，是在圆圆的原子上面镶嵌了闪闪发光的电子，就像饼干上撒满芝麻一样。

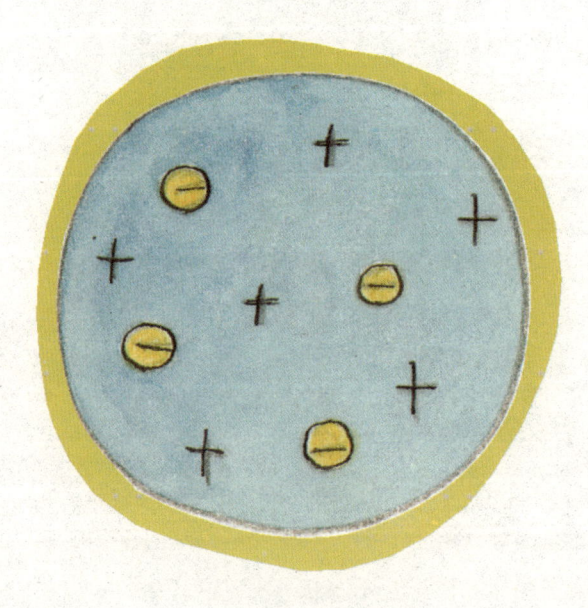

汤姆逊画的原子模型

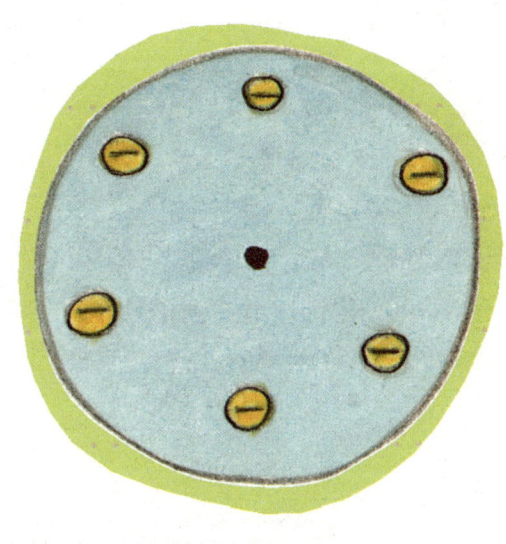

卢瑟福画的原子模型

卢瑟福(1871-1937)发现了原子核

卢瑟福是汤姆逊的学生。他从汤姆逊老师那里学到了很多关于原子方面的知识，于是也开始致力于对原子的研究。他在研究中发现，原子的中心有一个核，所以他画的原子模型是，原子中心有个核，电子围绕着核旋转。

鲍尔(1885-1962)发现了原子的运动规律

鲍尔先后接受过汤姆逊和卢瑟福两位科学家的指导。最终，在导师的指导和自身的努力下，他发现电子并不是朝着一个方向运动的，而且电子和原子核之间并不总是直线分布，也不存在着轨道。

鲍尔画的原子模型

小书桌

物质的构成

我们已经初步了解了周围物质的构成。物质是由我们肉眼看不到的原子颗粒构成的。学习了原子，我们就能对周围物质的特性有更深入的认识。

原子是构成物质的小颗粒

原子是最微小的颗粒，物质就是由这些小颗粒按照一定的规律排列在一起构成的。原子的直径相当于一厘米的一亿分之一，我们用肉眼根本看不到。但是借助发达的科学技术，科学家们已经拍到了原子的照片。

原子核是由质子和中子构成的。虽然质子和中子的大小相同，但是它们带的电却不同。中子不带电，质子带有正电荷。

英国科学家道尔顿的原子说对物质的构成做了最科学的论述。按照道尔顿的原子说，原子是构成物质的最小颗粒，原子是不可再分的。同一种类的原子具有同样的大小、形状和重量。当时，道尔顿认为原子是不可分的，但是后来，科学家们又在原子中发现了电子和原子核，接着又在原子核中发现了质子和中子。

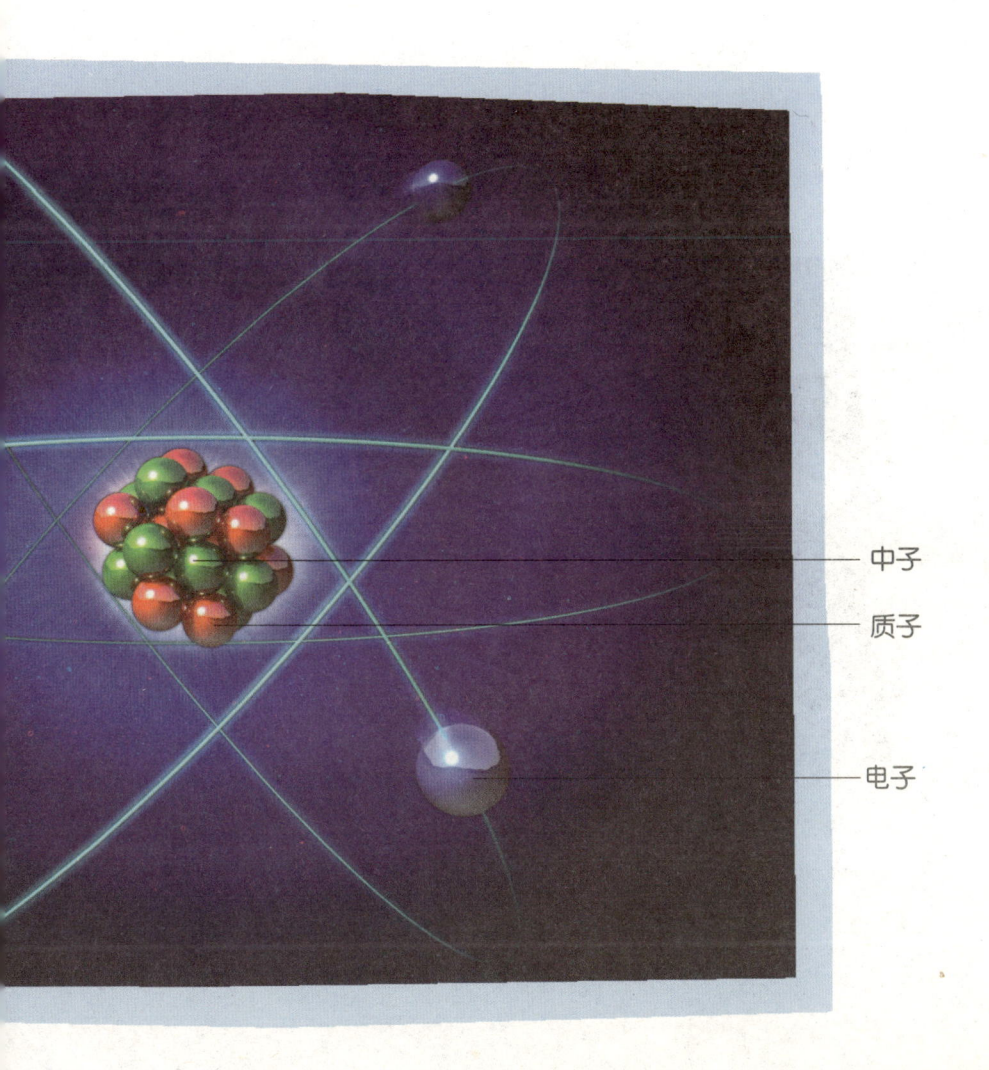

中子

质子

电子

元素是由同一种原子构成的

元素是由同一种原子构成的物质。到目前为止，人类发现的元素已经超过了110种。科学家们还在继续寻找新的元素。元素具有不同的特性。元素大体上可以分为两类：金属和非金属。金属具有光泽，具有良好的导电性、导热性。非金属却不具备这些特性。铁（Fe）、铜（Cu）、金（Au）等都属于金属，氢（H）、氧（O）、碳（C）等都属于非金属。

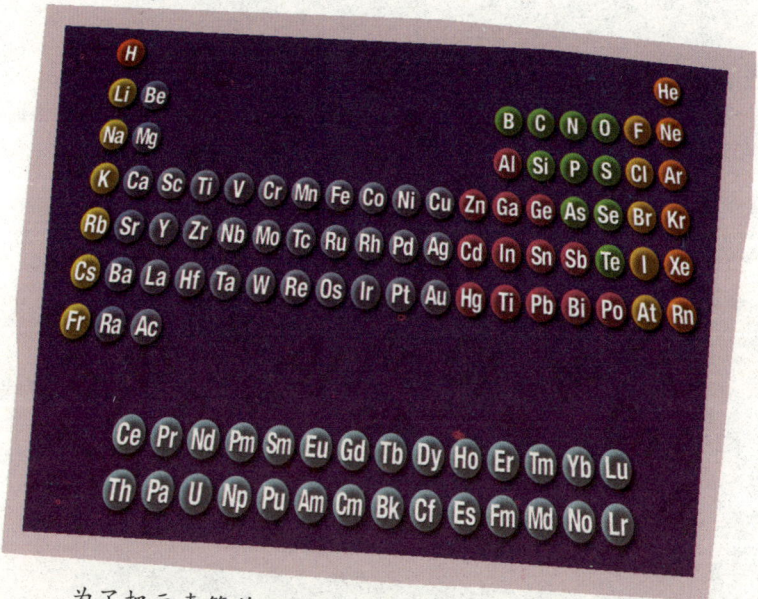

为了把元素简单地表示出来，我们用两个罗马字母来标注元素，并把它们称为元素符号。

分子是由多个原子构成的

分子是多个原子聚集在一起构成的。分子是保持物质化学性质的最小单位。虽然分子比原子大，但也是用肉眼看不到、摸不到的小颗粒。以水为例，水是由两个氢原子、一个氧原子构成的分子，但我们看不到单个的水分子，我们看到的水是由数不尽的水分子构成的。物质的种类不同，分子的大小和形状也不同，这是由构成分子的原子种类和原子数决定的。

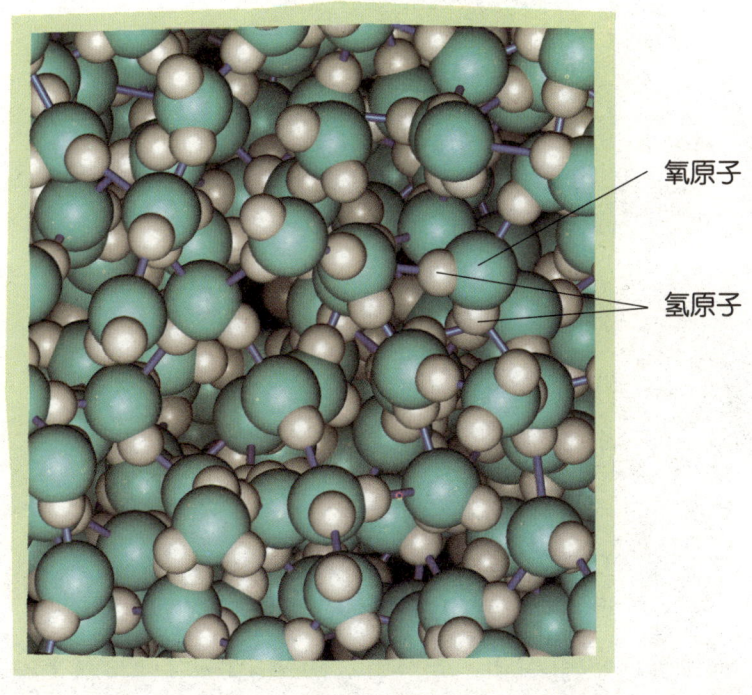

氧原子

氢原子

水的化学式用"H_2O"表示。

名人故事

棕灰色还是樱桃红色？

圣诞节就要到了,小道尔顿为妈妈精心挑选了一份圣诞礼物——一双"棕灰色"的袜子。妈妈打开盒子看到礼物后,非常开心,但是她也有点为难地对道尔顿说:"孩子啊,谢谢你给妈妈买的礼物,妈妈很喜欢。可是这双袜子是樱桃红色的,颜色太鲜艳啦,我可能穿不出去啊。"道尔顿感到非常奇怪:"我明明买的是棕灰色的啊,为什么妈妈您说是樱桃红色呢?"道尔顿

困惑极了，他拿着袜子去问弟弟和周围的人。结果，只有弟弟认为袜子是棕灰色的，其他人都说袜子是樱桃红色的。就这件小事，激发起了小道尔顿研究的热情。他经过一番认真的分析和研究后发现，他和弟弟与别人看的颜色是不一样的，也就是色觉与别人不同。原来，自己和弟弟都是色盲。

　　道尔顿不是生物学家，也不是医学家，却成了第一个发现色盲的人，也是第一个被发现的患色盲症的人。他写了篇论文《论色盲》，成为世界上第一个提出色盲问题的人。人们为了纪念他，又把色盲症称为道尔顿症。

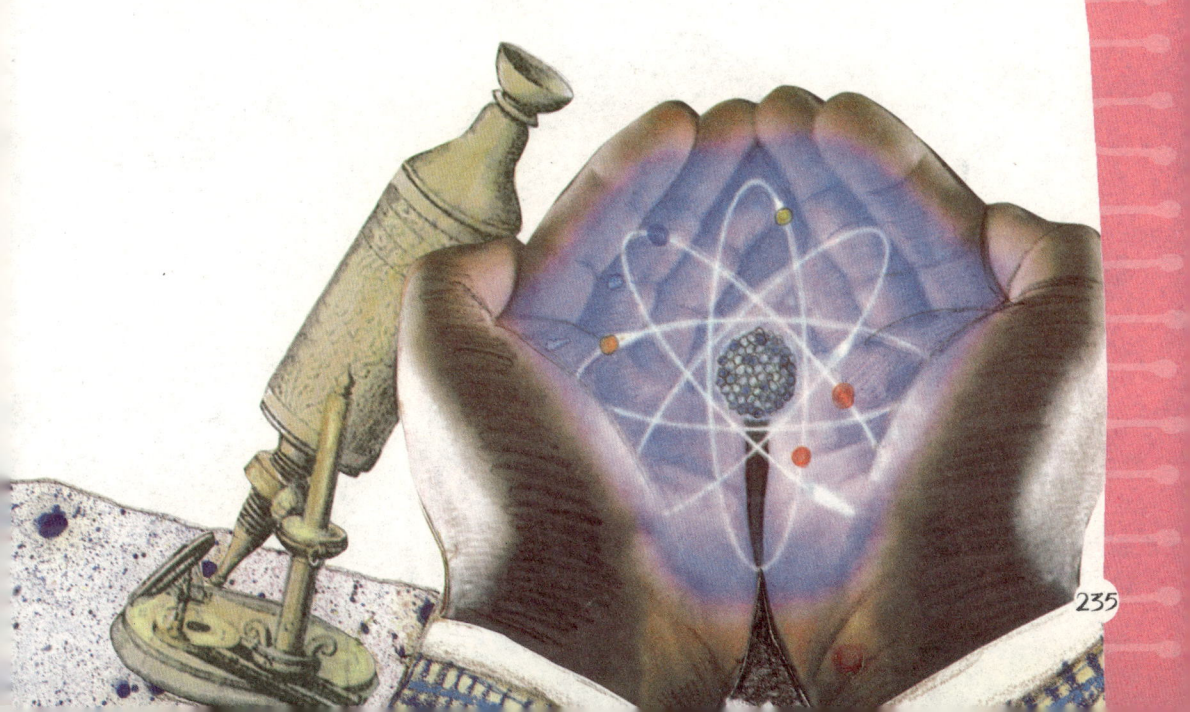

爱因斯坦与原子弹

第二次世界大战时期，纳粹德国对德国本土的犹太人进行迫害，使得许多犹太科学家纷纷逃到美国避难。据说，德国人那时正在制造一种"超级武器"。

1939年8月，爱因斯坦与其他几名科学家一起写信给美国总统罗斯福，建议美国政府抢在纳粹德国之前研制出核武器。于是，1939年10月的时候，美国成立了代号为S-11的研究原子武器的委员会。

1941年12月，日本成功偷袭美国珍珠港。美国政府深受震动，于是决定加快研制原子弹的步伐。1942年6月，美国原子弹研制计划正式开始，由于研制总部设在美国纽约的曼哈顿区，所以这项计划又被称为"曼哈顿计划"。

1945年8月，美国分别在日本广岛、长崎投下了两颗原子弹，造成了两地总计14万人死伤。之后日本宣布投降，第二次世界大战结束。

听到原子弹爆炸的消息，大多数参加"曼哈顿计划"的科学家们的心情十分沉重。爱因斯坦感到非常痛苦和后悔："当初写信给罗斯福总统提议研制核武器，是我一生中最大的错误和遗憾。"他甚至有点后悔自己为什么会从事科学工作："要是早知道科学也会造成这么大的危害，我宁可当个修表匠。"

实验室

水也是由原子构成的吗？

所有的物质都是由原子构成的，水也不例外。氧原子和氢原子构成了水分子，水分子聚集在一起就形成了我们喝的水。虽然我们用肉眼看不到，但是水分子之间是有空隙的。我们通过这次实验来找找水分子之间的空隙。

请准备下列物品：

| 4个小量杯 | 2个大量杯 | 水、酒精 | 标签纸 |

一起来动手：

1.向三个小量杯中倒入等量的水，在剩下的一个小量杯中倒入等量的酒精。

2.在每个小量杯上贴上标签，注明名称。

3.把两个小量杯中的水倒入大量杯中。把剩下的一小量杯水和一小量杯酒精倒入另一个大量杯中。

4.把两个大量杯安静地放置一会儿，然后比较两个大量杯的刻度是不是一样。

注意：一定要在父母的指导下使用酒精。

1 向三个小量杯中倒入等量的水，在剩下的一个小量杯中倒入等量的酒精。

2 在每个小量杯上贴上标签，注明名称。

3 把两个小量杯中的水倒入大量杯中。把剩下的一小量杯水和一小量杯酒精倒入另一个大量杯中。

4 把两个大量杯安静地放置一会儿，然后比较一下两个大量杯的刻度是不是一样。

实验结果：

只盛水的大量杯的刻度比盛有水和酒精混合液体的大量杯刻度高。

为什么会这样？

水和酒精是很容易相溶的两种液体。构成水的分子之间有很多空隙，酒精分子进入了这些空隙。所以，水和酒精混合体的体积比只有水的液体的体积小。

托里拆利 讲
空气

埃万格利斯塔·托里拆利

(1608—1647)

托里拆利出生在意大利的法恩扎,他是伽利略的学生,有许多伟大的科学研究成果。

有一天,托里拆利往一根带有刻度的玻璃管内注满水银,然后再非常快速地将管口倒转,插入一个盛满水银的盆里,水银开始往下流,但是流到水银柱上刻度为76厘米的地方停住了。他由此得出了一个结论:空气是有压力的,1个空气压力等于76厘米水银柱的重量。

埃万格利斯塔·托里拆利

空气无处不在。它存在于地球的每个角落。

人类靠吸入空气中的氧气来生存。

如果没有空气,就不会下雨,也不会刮风了。

我们时刻也离不开的空气,到底是什么样子呢?

空气时时刻刻地存在于我们的周围,但我们却看不见、摸不着、闻不到。

托里拆利对紧紧环抱着地球的空气进行了深入的研究。

在托里拆利眼里,空气是什么样子的呢?

"风车呀，转起来，转得快一点儿！"索索举着风车在公园里开心地跑着。一阵风吹了过来，风车跟着呼呼地转了起来。

"风车是怎么转起来的呢？"索索觉得旋转的风车太神奇了。

为了使风车转得更快，索索加快步伐，更快速地跑了起来。微风吹拂着她的脸庞，还撩起了她的头发。

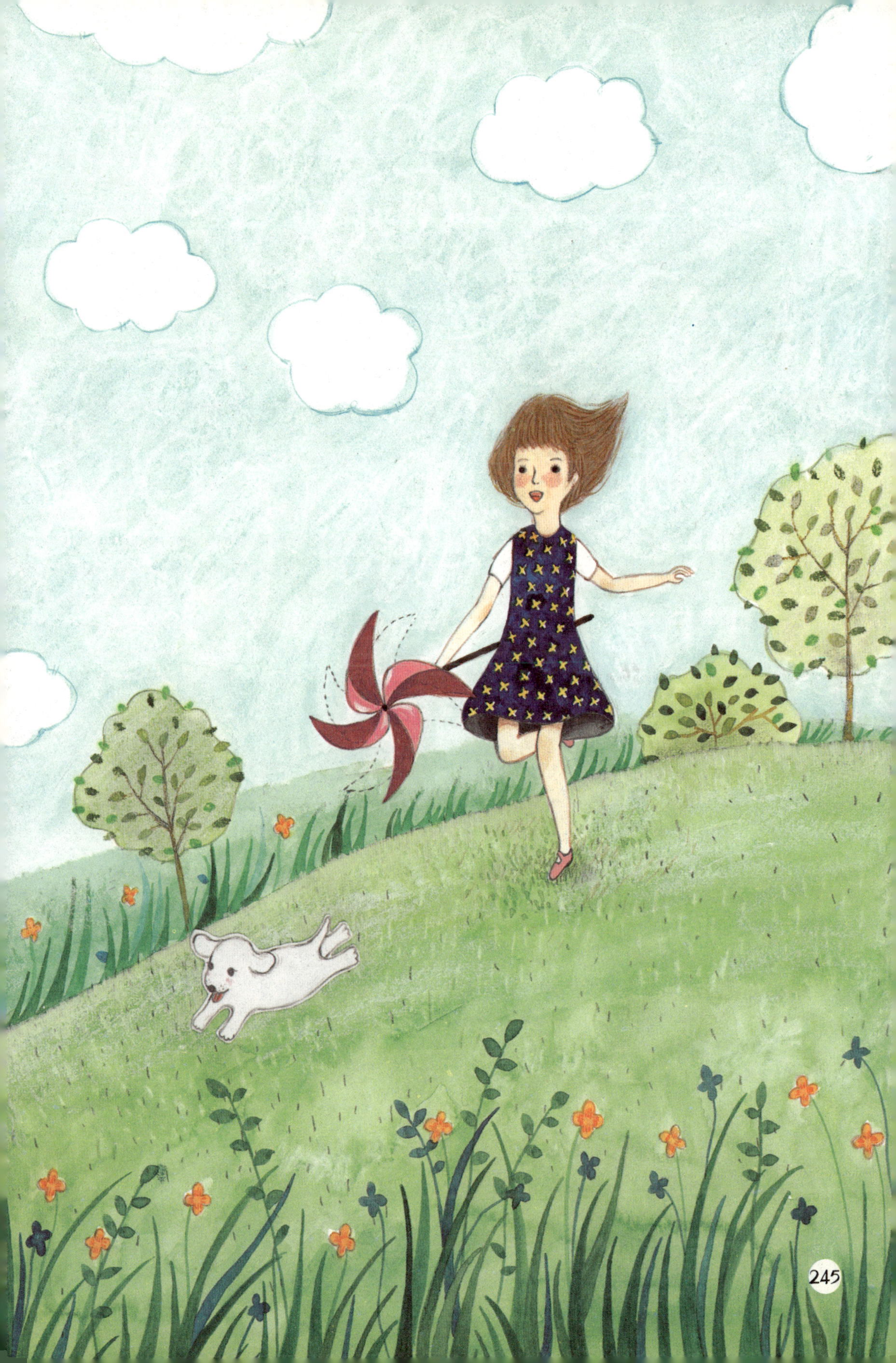

这时，天上飘下来一个东西，像一个大气球。

"你好！我是托里拆利，是研究空气的科学家。"

看到从天而降的托里拆利，索索惊讶地睁大了眼睛，问托里拆利："博士，您是坐这个下来的吗？它是怎么飞到天上去的呀？"

"哈哈，你想知道更多吗？这是气球呀，这里面装了氢气和氦气两种比空气更轻的气体，所以能飞起来。"

知识加油站

气球在天上飞

气球主要有气体气球和热气球两种。气体气球是在球囊里装入比空气轻的气体，然后升高的一种气球。而热气球则是在球囊的排气口处加热，使球囊里的空气变热，然后升到空中的气球。

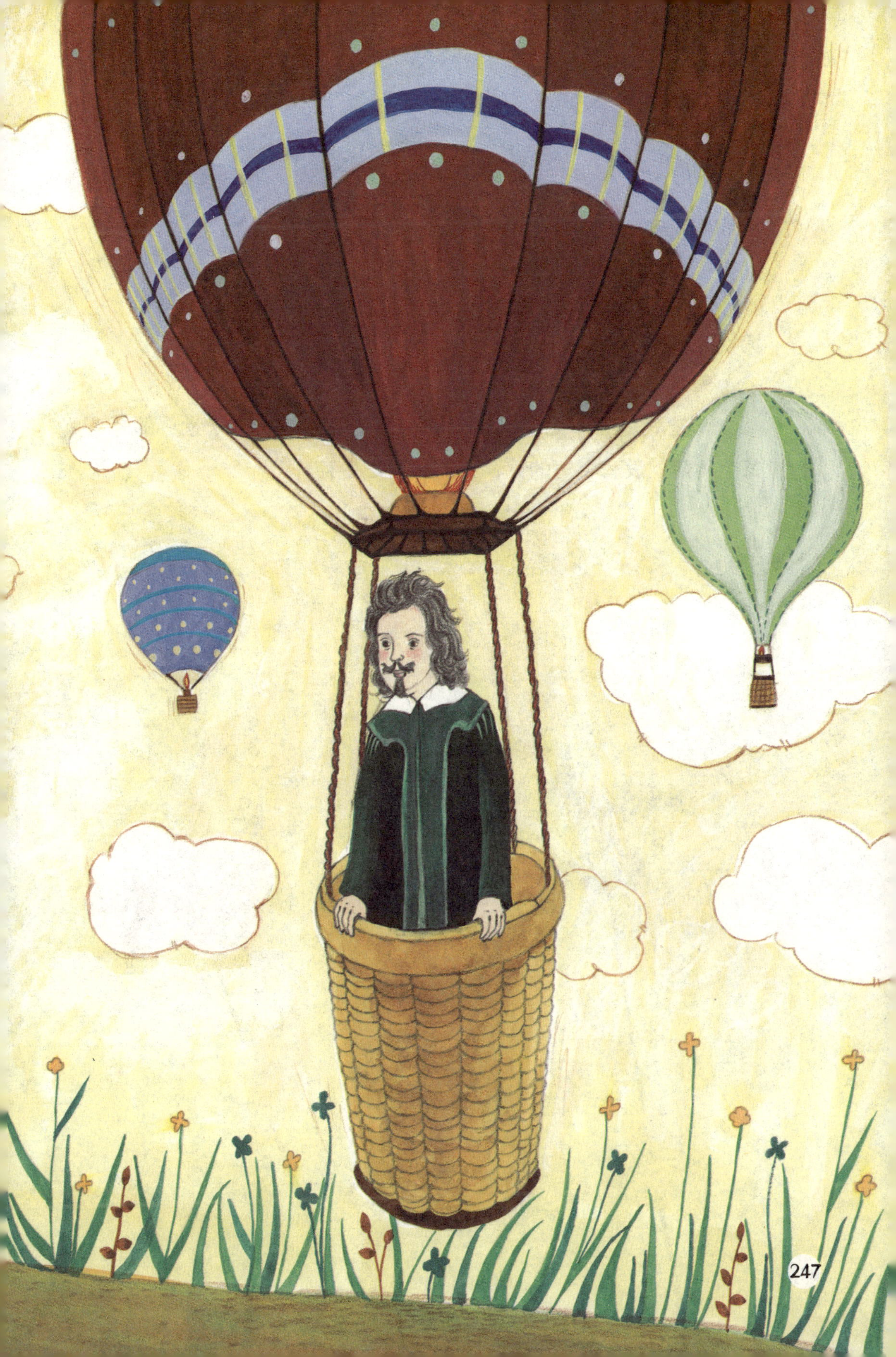

"索索,原来你在玩风车呢。"

"是的,博士先生,您能告诉我风车为什么会转吗?"

"当然能啦。风车能转动,是因为有风在推它。风就是流动的空气。"

索索四处看了看,不解地问道:"空气在哪里?"

"空气是看不见也摸不着的,但是,空气存在于世界的每个角落。没有空气的话,我们将无法生存。"

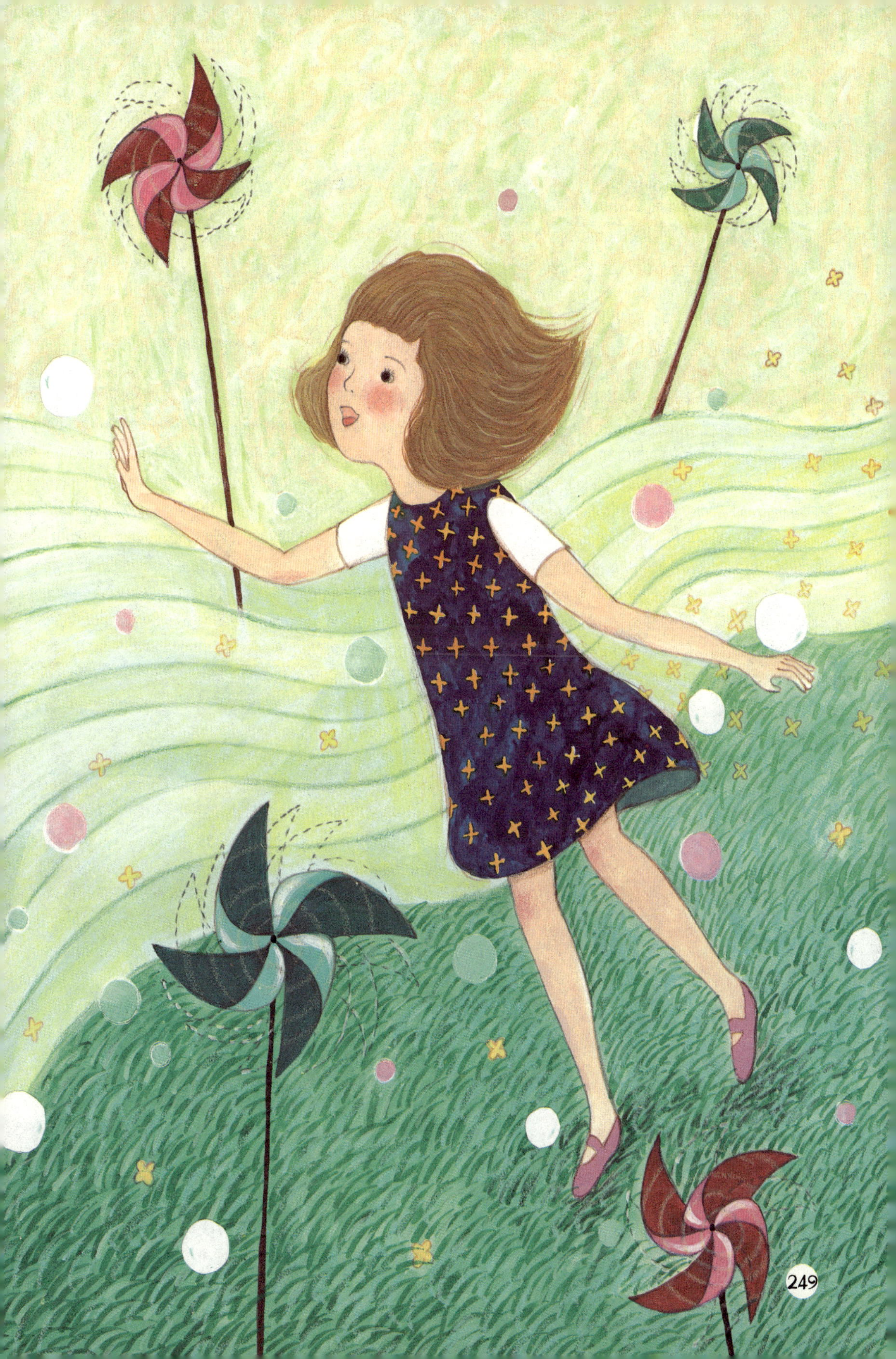

托里拆利博士从他的口袋里掏出一个气球，给了索索："把这个气球吹起来。"

　　索索深吸了一口气，开始吹气球，之前干瘪瘪的气球开始变得又圆又大。

　　"你知道这个气球里有什么吗？"

　　"是我刚才使劲吹的时候吹进去的空气。"

　　"没错，让气球鼓起来的就是空气。"

看到树叶、头发、晾晒的衣服被风吹起来，我们就能感受到空气的存在了。

氩气等（0.97%）

二氧化碳（0.03%）

氧气（21%）

氮气（78%）

空气中的气体

托里拆利博士和索索一边说着话,一边在美丽的公园里散步。

"空气没有任何颜色,是一种透明的混合气体。它没有味道,也没有形状,用手是抓不到的。"

索索对没有颜色、没有气味、没有形状的空气更加好奇了:"博士先生,空气里都有什么气体呢?"

"空气中含有氧气、氮气、二氧化碳等气体。"

托里拆利博士深深地吸了一口气说:"空气中的氧气,对于生物的生存来说是十分重要的。我们这样吸一口气,氧气就进入了身体,我们呼出一口气,二氧化碳就被排出了体外。我们如果不能呼吸的话,用不了一小会儿就活不下去了。其他的动物和植物也是一样的。"

"氧气是这么重要的气体啊。"听到这里,索索赶紧使劲吸了一口宝贵的空气。

氧气

二氧化碳

走着走着,托里拆利博士和索索在公园里看到了一个池塘。

"池塘里的鱼也离不开空气,它们呼吸水里的氧气。"

"怪不得鱼的小嘴在不停地一张一合呢!"

索索噘起小嘴，学起了鱼的样子，一张一合，一张一合。

"植物刚好跟我们相反，它们吸入二氧化碳，呼出氧气。所以，漫步在树林里，我们会觉得空气又清新又干净。"

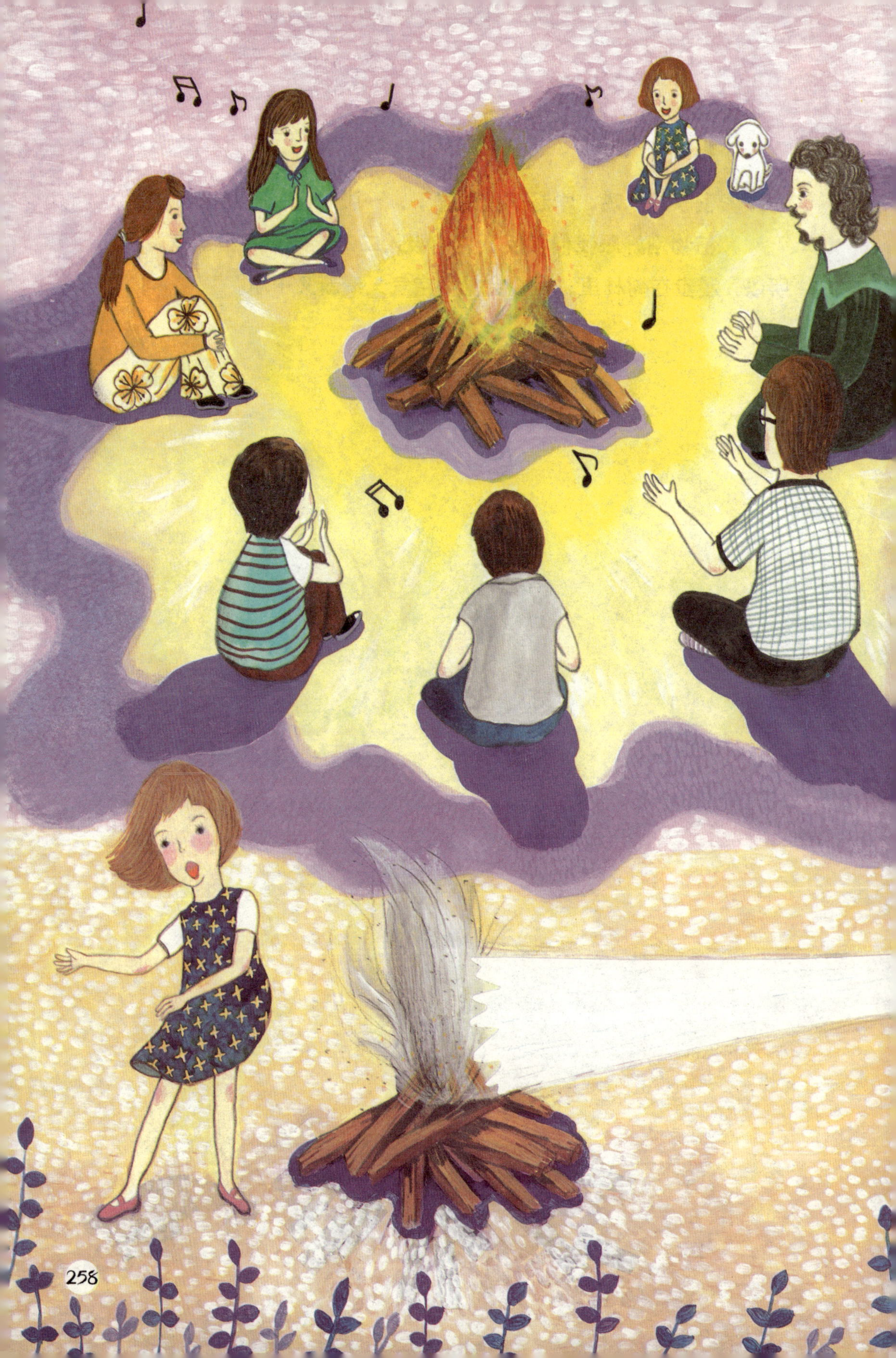

"火在燃烧的时候需要氧气,而二氧化碳则具有灭火的特性,所以在日常生活中被用来制作灭火器。"托里拆利博士开始讲起了氧气和二氧化碳。

"燃篝火的时候也需要氧气?"索索想起了篝火。

"是的。二氧化碳和氧气一样,也没有颜色和气味。"

"原来氧气和二氧化碳,有相同的地方,也有不同的地方。"

灭火器是根据二氧化碳能灭火的特性制作的。

"现在，我们来用沙滩球做一个有趣的实验。"

托里拆利博士在长长的树枝中间系了一根绳子，又把绳子的另一头系在了树上。在树枝的两端各挂上一个沙滩球，使两头保持平衡。

"索索啊，好好看哦！我们把一侧的沙滩球放一点气出来。"

托里拆利把一侧的沙滩球的气体放出了一点,树枝很快就倾斜了。
"为什么没有放气的沙滩球会倾斜下来呢?"
"因为那个沙滩球重啊。含有更多空气的沙滩球更重一些。"
"所以我们可以说空气是有重量的了?"
"是的。"

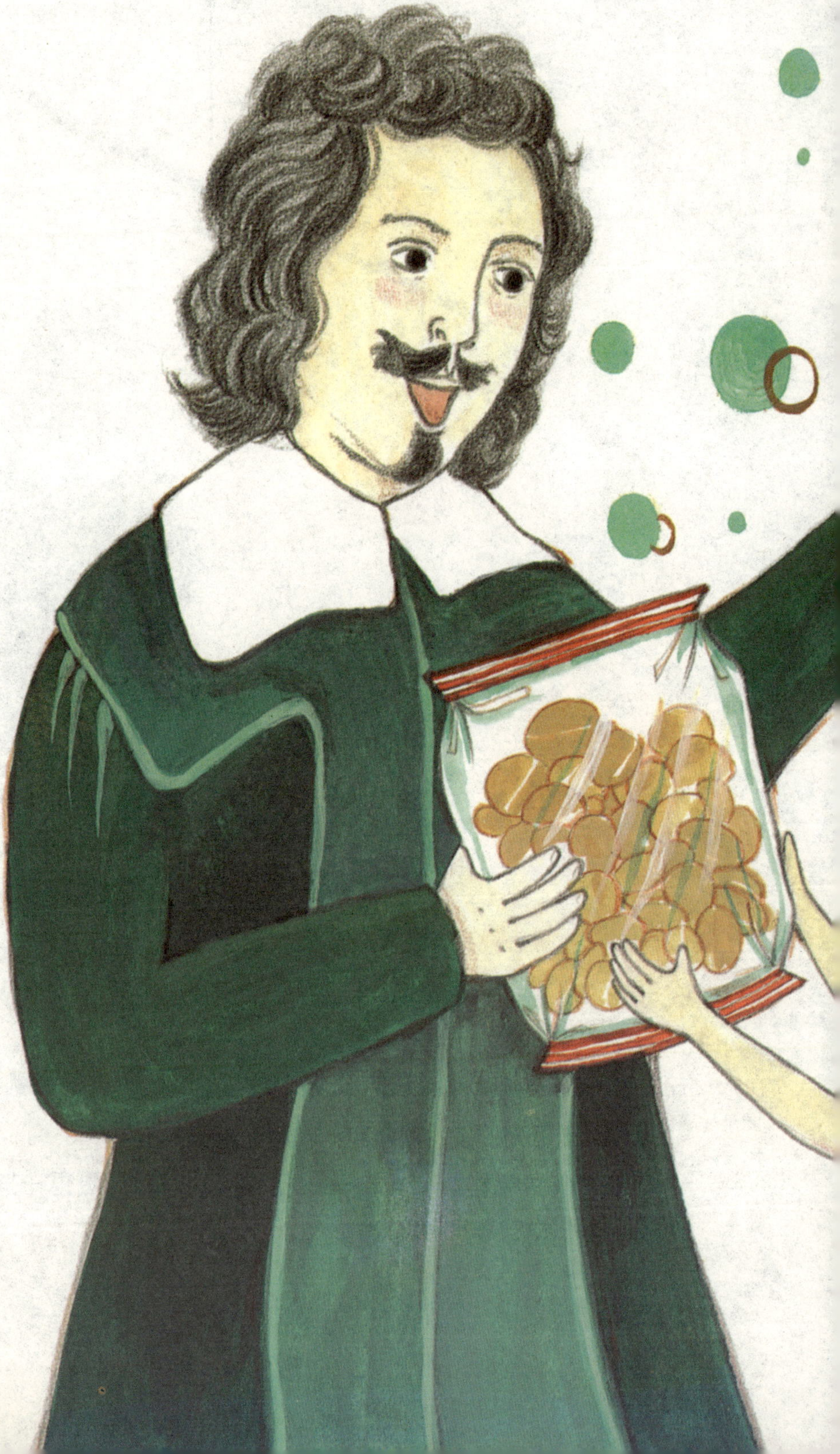

这次，托里拆利博士像变魔术一样给索索掏出了一包糕点。

"哈哈，糕点袋子像气球一样鼓鼓的。"

"糕点袋里含有一种被称为氮气的气体，它是空气里含量最多的气体。"

"为什么糕点袋子要充氮气呢？"

"氮气可以使食物的味道和香气保持不变，而且，糕点袋里充上氮气变得鼓鼓的，也可以让糕点更松软。"

空气里含有多种气体

我有几个问题请大家来回答一下。在空气中除了氮和氧，什么气体最多？

叮咚，答对了！下一个问题，空气中最轻的气体是什么？

氩气。荧光灯里装的就是氩气。

❶

大家好！

天哪，诚诚你的声音怎么变成这样了？

❸

264

叮咚，珍珍也答对了。

这个我知道，是氢气，氢气可以作为汽车燃料，不会污染空气。

哈哈，诚诚的声音像女孩子。

吸了氦气声音就变成这样了。氦气是除了氢气之外最轻的气体，可以充到气球里。

哼，我也知道什么是氦气。

265

"索索,你能感觉到空气在动吗?"托里拆利博士和索索坐上了气球,向天上飞去。

"这个球囊的排气口处装着一个很大的燃烧器,燃烧的火焰让球囊里的气体温度升高,升温的气体带动气球越升越高。如果想使气球下降,把燃烧器慢慢地关掉就可以了。热空气往上升,冷空气向下降,冷热空气不停地移动,便形成了风。"

"博士先生,我们能坐这个气球到月球上去吗?"

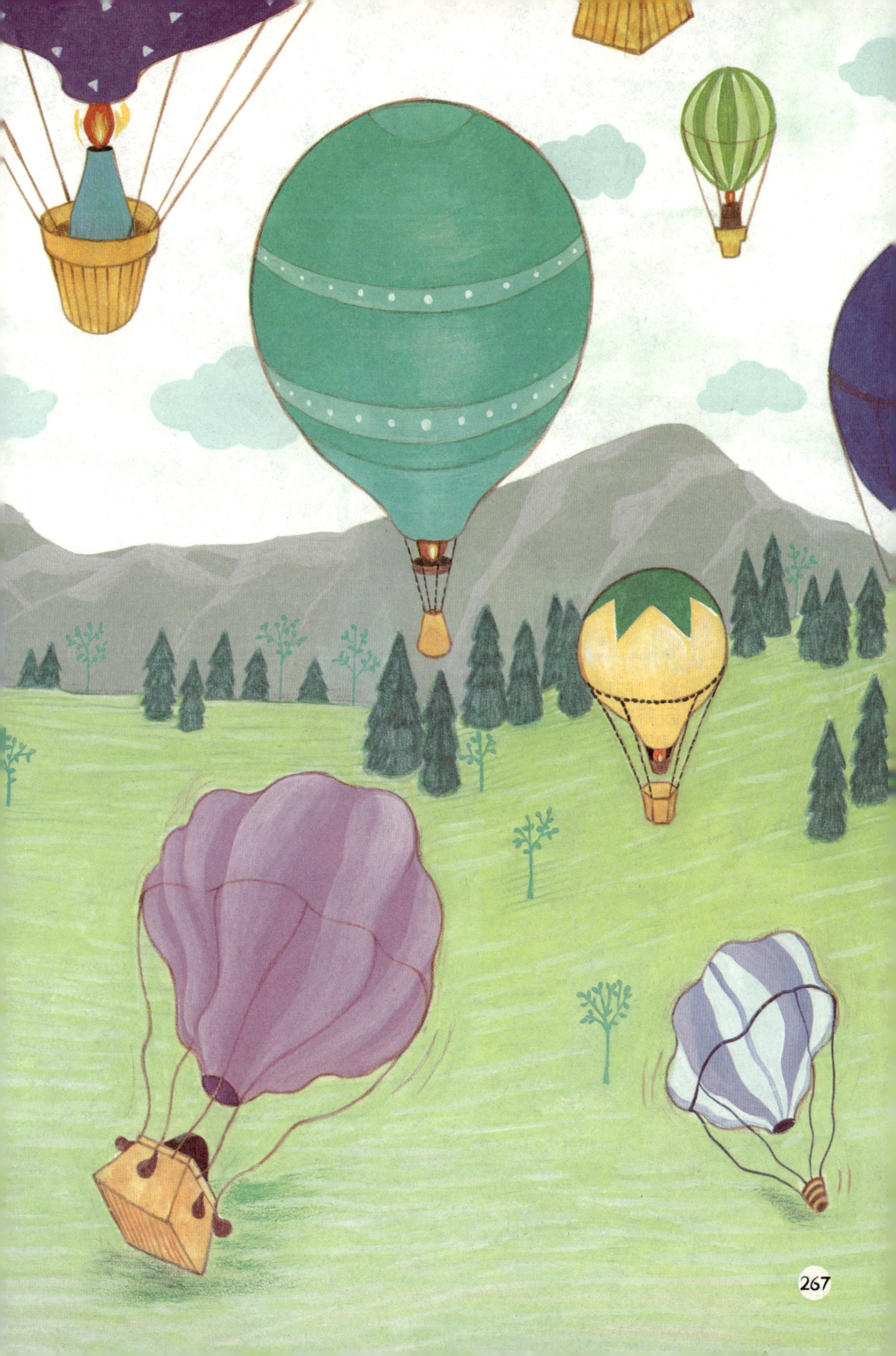

268

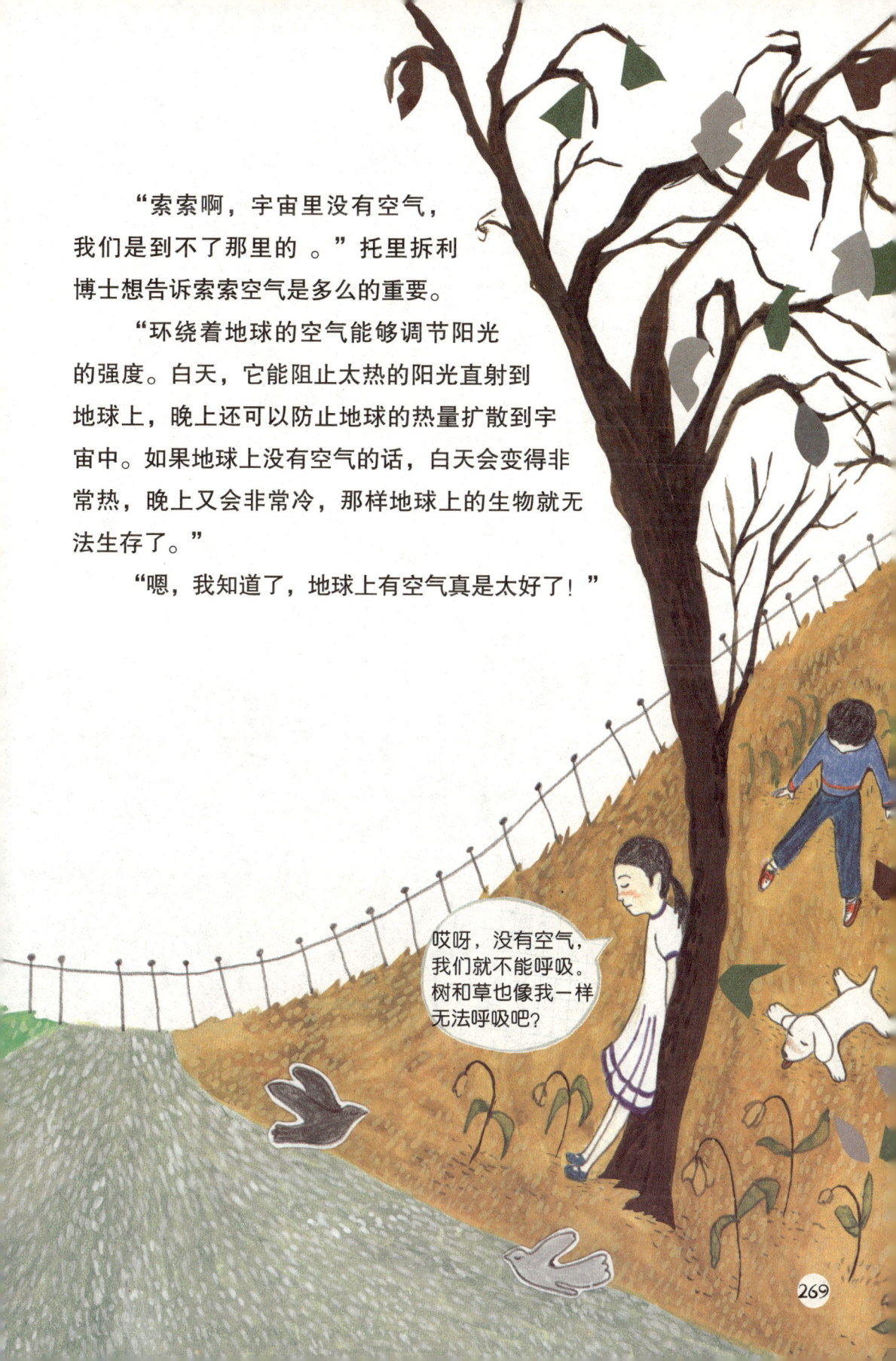

"索索啊，宇宙里没有空气，我们是到不了那里的。"托里拆利博士想告诉索索空气是多么的重要。

"环绕着地球的空气能够调节阳光的强度。白天，它能阻止太热的阳光直射到地球上，晚上还可以防止地球的热量扩散到宇宙中。如果地球上没有空气的话，白天会变得非常热，晚上又会非常冷，那样地球上的生物就无法生存了。"

"嗯，我知道了，地球上有空气真是太好了！"

哎呀，没有空气，我们就不能呼吸。树和草也像我一样无法呼吸吧？

"我们在很多领域里都要用到空气。自行车、汽车的轮胎里要充上空气，风扇、鸟儿的翅膀要借助空气才能转动和飞翔，笛子和口琴也要吹入空气才会发出美妙的声音。"

"空气太棒了！"索索发出一声感叹。

"古时候人们还用风车带动石磨来碾碎粮食，现在人们已经开始用风来发电了。"

知识加油站

风是风车转动的动力

风车是利用风获得动力的机器。刮风的时候，风车高塔上的多个翅膀就转起圈来产生动力。荷兰的海拔比海低，他们利用风车不让海水涌到陆地上来。

272

索索从气球上往下看。

"博士您看！汽车的尾部正在排放着黑色的尾气，工厂里的烟筒也在冒着滚滚浓烟。"索索睁圆了眼睛。

"现在汽车越来越多了，这将会造成更严重的空气污染。"

"好吧，为了我们可以呼吸到新鲜、干净的空气，我以后只坐公共汽车和地铁去学校。"

托里拆利博士看着索索开心地笑了。

阅读课

碳酸饮料里面有二氧化碳

喝可乐或汽水的时候会"冒汽",这是因为在可乐或汽水等碳酸饮料里面含有大量二氧化碳。把没喝完的可乐、汽水放置一段时间之后,水里的"汽"就消失了,只剩下了甜味。为什么会这样呢?这是因为饮料中的二氧化碳散发到空气中了。

可乐的颜色很深,这是因为可乐里含有焦糖。

最初,可乐是由可可树的叶子和果实榨出的汁液制成的,所以人们给这种汁液取名叫"可乐"。但是,由于可可树的叶子中含有让人中毒、上瘾的物质——可卡因,所以现在我们不再用可可树的叶子,而是用砂糖、焦糖等有各种口味的材料和二氧化碳生产可乐。

可乐和汽水中有二氧化碳,喝起来非常爽口。但可乐中含有比咖啡多2~3倍的咖啡因,因此小朋友要尽量少喝可乐。

无色透明的汽水

在欧洲，人们将苹果发酵后，将经过发酵后的果汁，制成了汽水，这种工艺先后传入日本和中国。我们喝的汽水是用砂糖、柠檬酸（果酸）和有同样味道的材料以及二氧化碳制成的透明饮料，和欧洲的汽水是不同的。因为含有二氧化碳，所以这些汽水喝起来很爽口！

清新的空气，健康的身体

呼吸干净、清新的空气才能保持身体健康。机动车排放的尾气、工厂排放的黑烟严重地污染了空气，所以有时我们呼吸起来会觉得空气中有一种难闻的味道，甚至让人感觉窒息。人如果长时间呼吸被污染的空气，会很容易生病，所以，我们大家都要用心地保护环境、爱护自然，让空气变得清新。

炭能够过滤被污染的空气

炭是木材燃烧过后的黑色疙瘩。很久以前，人们就靠炭燃烧所产生的热量来取暖，或把少量的炭放入酱油中过滤杂质。现在，人们把炭放在要存放起来的衣物、被子或鞋子中，用来吸附湿气、防止蛀虫。如果把炭放在厨房、卫生间等容易产生异味的地方，它们能帮助我们去除这些异味。所以，把炭放在房间里净化空气，是非常不错的选择哦！

炭里含有钙、铁等微量元素，又能吸附杂质，将它放到酱油里，酱油的味道会更好。

虎皮兰是能净化空气的植物。

花草能净化空气

在家中养花草，不仅使家里环境更加美观，而且还能净化空气。虎皮兰能净化空气，去除臭味。橡胶树吸附味道的能力也很强，因此把它养在味道比较重的厨房会比较好。在卫生间养富贵竹比较好，烟味浓重的地方养肾蕨，空气里的烟味会淡很多。

大气压在生活中的应用

打气筒

打气筒是一种我们常用的生活工具，它是利用气体压强跟体积的关系制成的。我们在给自行车打气或者给篮球、足球打气的时候都会用到。打气筒里面有一个活塞，上面有一个凹形橡皮盘，向下压活塞时，活塞下方的空气体积就会缩小，压强变大，促使橡皮盘紧抵着筒壁，从而避免空气漏到活塞上方；继续向下压活塞，空气压强会继续增大，当大到顶开轮胎气门上的橡皮套管时，空气就被压着进入了轮胎。

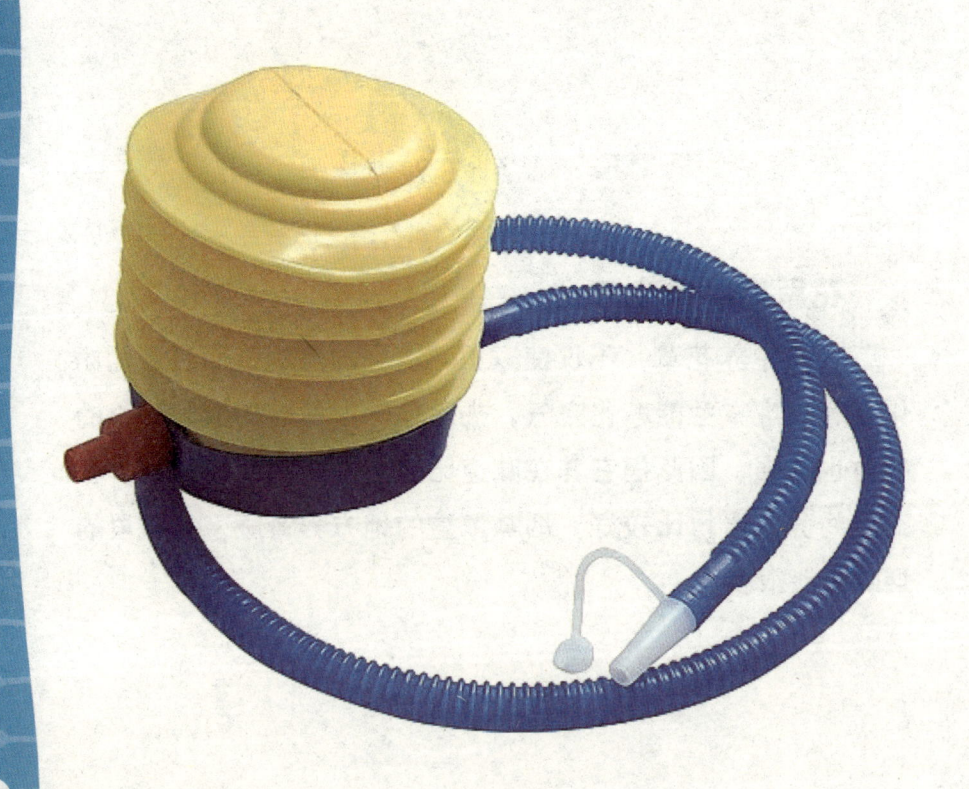

高压锅

　　高压锅的制作原理是增大锅内气压，提高水的沸点。使用高压锅烧饭时，高压锅盖子内就是一个密封容器。随着不断加热，锅内的水温会不断升高，于是产生了水蒸气，由于锅是密封的，所以水蒸气就越来越多，锅内的气压就越来越大，直到锅内的空气将气压阀顶起，发生跑气的时候，锅内气压不再增大。这时锅内气压接近1.2个大气压。在这样的气压下，水的沸点接近120℃，而水在正常环境下的沸点是100℃。食品由生变熟就是一个温度升高的过程，温度越高，熟得就越快，所以高压锅烧饭用的时间就变短了。我们不用等很久就可以吃到好吃的食物啦！

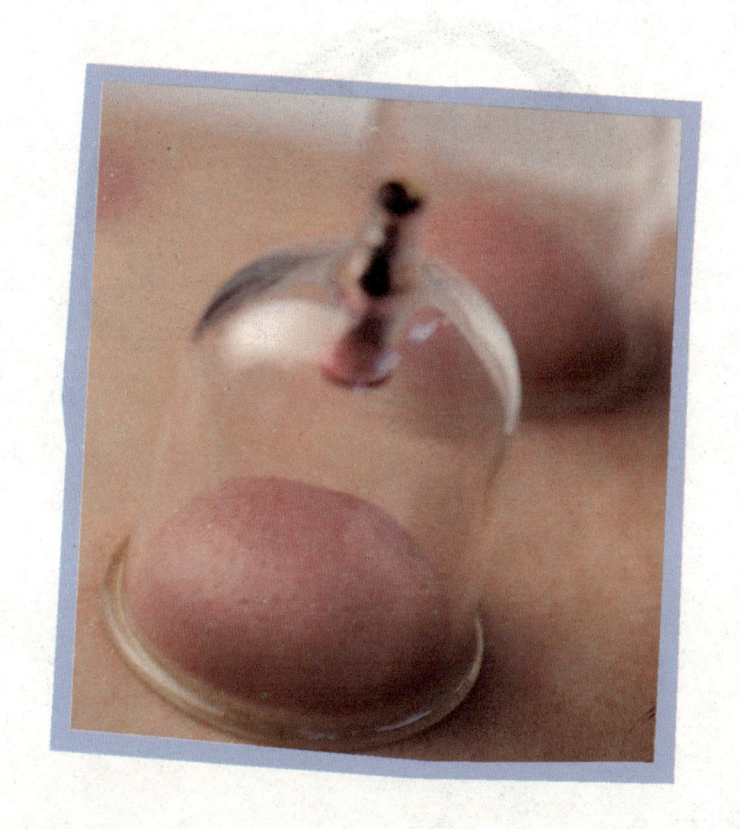

中医拔火罐

　　我们在家中或在中医医院，会看到爸爸妈妈或医生在做治疗时常会使用火罐。以前的火罐都是小瓷罐或小玻璃罐。在罐里放一个小棉花团，点燃后让它在里面烧一会儿，立即把罐反过来扣在疼痛处，罐子就会紧紧地吸在皮肤上，这是因为瓶里的空气有一部分燃烧的时候被消耗掉了，瓶子放在皮肤上，瓶内的空气压力小于瓶外的压力，这时，瓶子就会紧紧地吸住皮肤，不会掉下来。拔过火罐的人都会感觉到，在罐口处有一股力量把皮肤往外揪，拔火罐就是利用这种力量来促进血液循环，把不好的气血排出来。同时，拔火罐时也要注意安全，要是操作不当的话也可能会烧伤皮肤。现在，人们已经发明出了抽气式拔罐器，这样就安全多啦！

漏斗

我们要想把液体或者粉末倒进开口比较小的容器里，就要用到一样工具——漏斗。如果你注意细心观察的话就会发现，我们倒液体倒到一定程度的时候，液体就卡住不再往下流了，这时该怎么办呢？有经验的人会把漏斗向上提一下，液体就会继续流了。原来，这也是大气压在起作用。起初，液体本身有重力，会向下流动。如果漏斗和瓶口之间没有缝隙，瓶子里的液体越来越多，气体体积缩小，压强增大，超过外界的大气压，就会抵住漏斗里的液体不能向下流。这时把漏斗往上提一下，瓶里的空气就会跑出来一些，里外气压相等，液体就顺利继续流下来了。

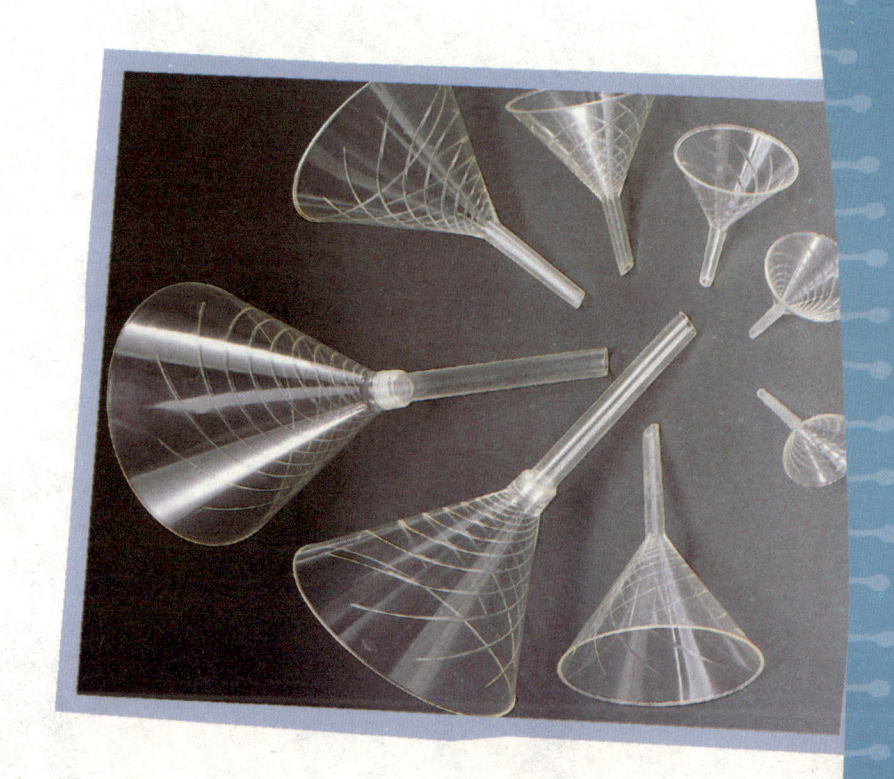

小书桌

空气很珍贵

现在,我们知道了空气存在于我们周围,同时也知道了空气是有重量的。吹气球或者冲着脸扇扇子,我们就会知道空气的存在。下面,我们再来仔细了解一下看不见也摸不到的空气。

我们周围全是空气

空气,既看不见也闻不到,但是它却无处不在。用手或扇子往脸上扇一扇,就会感觉到有股凉爽的风。看到树叶或者国旗在风中飞舞,我们也能知道空气是存在的。把气球吹好以后,松开气球嘴,气球嘴会抖动着发出声音,这就是空气被排出去了。

空气是有重量的

　　准备一个气很充足的排球，在排球打气口上接入管子，连接一个气球。按压排球，气球就会越来越大。而排球会越来越小，越来越瘪，这是因为排球里的空气跑到了气球里。这个实验证明了空气有一定的重量，占有一定的空间，是可以流动的。

让空气更洁净

　　人类在不知不觉中，已经将我们赖以生存的空气变得越来越脏。化工厂排放的烟尘、机动车排放的尾气、焚烧垃圾时产生的黑烟等，都会让空气受到污染。空气受到污染后会产生一种腐烂的味道，会使蔚蓝的天空变得浑浊。人们长期呼吸受到污染的空气，很容易得各种各样的病。因此，我们要减少有害气体的排放量，多乘坐公交、地铁等公共交通工具，同时，还要种植更多的树木，努力让空气不再受到污染。

　　工厂排放的烟雾和机动车的尾气会污染空气，让天空变得浑浊。

实验室

真的有空气吗？

空气是我们每时每刻都必须呼吸的气体。森林中的花草树木、水中的鱼虾，总之，自然界的万物，没有空气的话，都不能存活下来。

因为空气是无色无味的，所以很容易被我们忽略。但是，空气在我们的生活中却是无处不在的。下面，我们通过实验来了解一下空气的存在吧。

请准备下列物品：

空水杯　　彩纸　　装有水的大桶

一起来动手：

1.准备好所有物品后，把彩纸折成纸船。

2.把折好的纸船放入装有水的桶中。

3.注意不要把纸船弄翻，小心地把空水杯罩在纸船上。

4.轻轻地往下压水杯，直到水杯完全被水淹没。现在观察纸船在什么位置。

1. 准备好所有物品后，把彩纸折成纸船。

2. 把折好的纸船放入装有水的桶中。

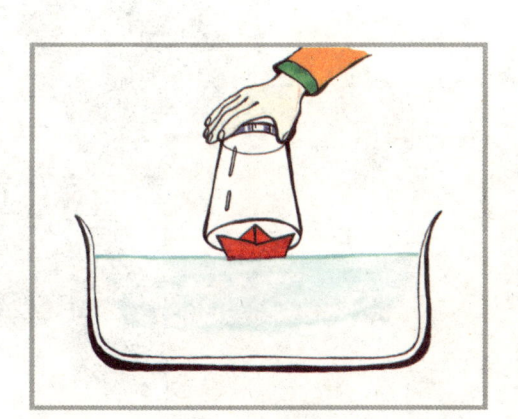

3. 注意不要把纸船弄翻，小心地把空水杯罩在纸船上。

4. 轻轻地往下压水杯，直到水杯完全被水淹没。现在观察纸船在什么位置。

实验结果：

即便杯子完全被水淹没，杯中的纸船也不会触碰到大桶的底部，抬起杯子，会发现纸船顶端也没有被水打湿。

为什么会这样？

无论怎样按压水杯，即使水杯完全被水淹没，纸船也不会碰到大桶的底部，这是因为有空气在里面。空气在杯子里占有一定的空间，所以纸船的顶端不会被打湿。这个实验可以用肉眼确认空气的存在。

摄尔修斯 讲
温度

安德斯·摄尔修斯

(1701-1744)

摄尔修斯出生于瑞典的乌普萨拉。他喜欢观察太阳、月亮和星星的运动，通过长时间的细致研究和钻研，最终成为一名天文学家。他利用水的冰点和沸点，发明了从0摄氏度到100摄氏度、有刻度的温度计。

安德斯·摄尔修斯

"我想喝冰镇过的水。"

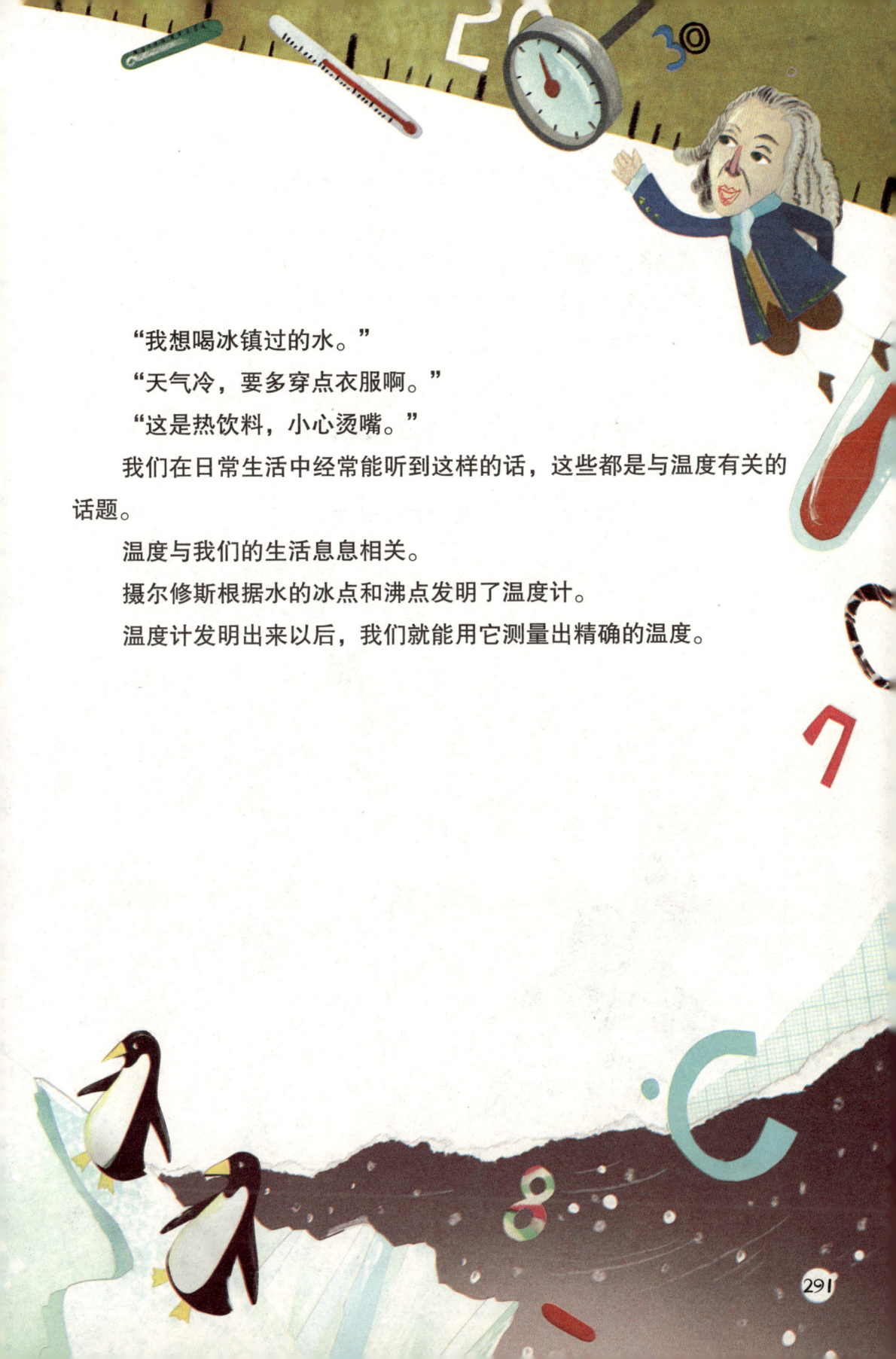

"天气冷，要多穿点衣服啊。"

"这是热饮料，小心烫嘴。"

我们在日常生活中经常能听到这样的话，这些都是与温度有关的话题。

温度与我们的生活息息相关。

摄尔修斯根据水的冰点和沸点发明了温度计。

温度计发明出来以后，我们就能用它测量出精确的温度。

一个阳光明媚的春天，摄尔修斯博士和榕榕去爬山。

榕榕爬得汗流浃背，掏出了她随身带着的一瓶在冰箱里冰镇过的水。

"咦？冰还没有化呢。"

榕榕喝了一点点融化的水，觉得很不过瘾。

"榕榕，喝这个。"摄尔修斯博士把自己带的水递给榕榕。

"好凉爽啊！谢谢您，博士先生。"

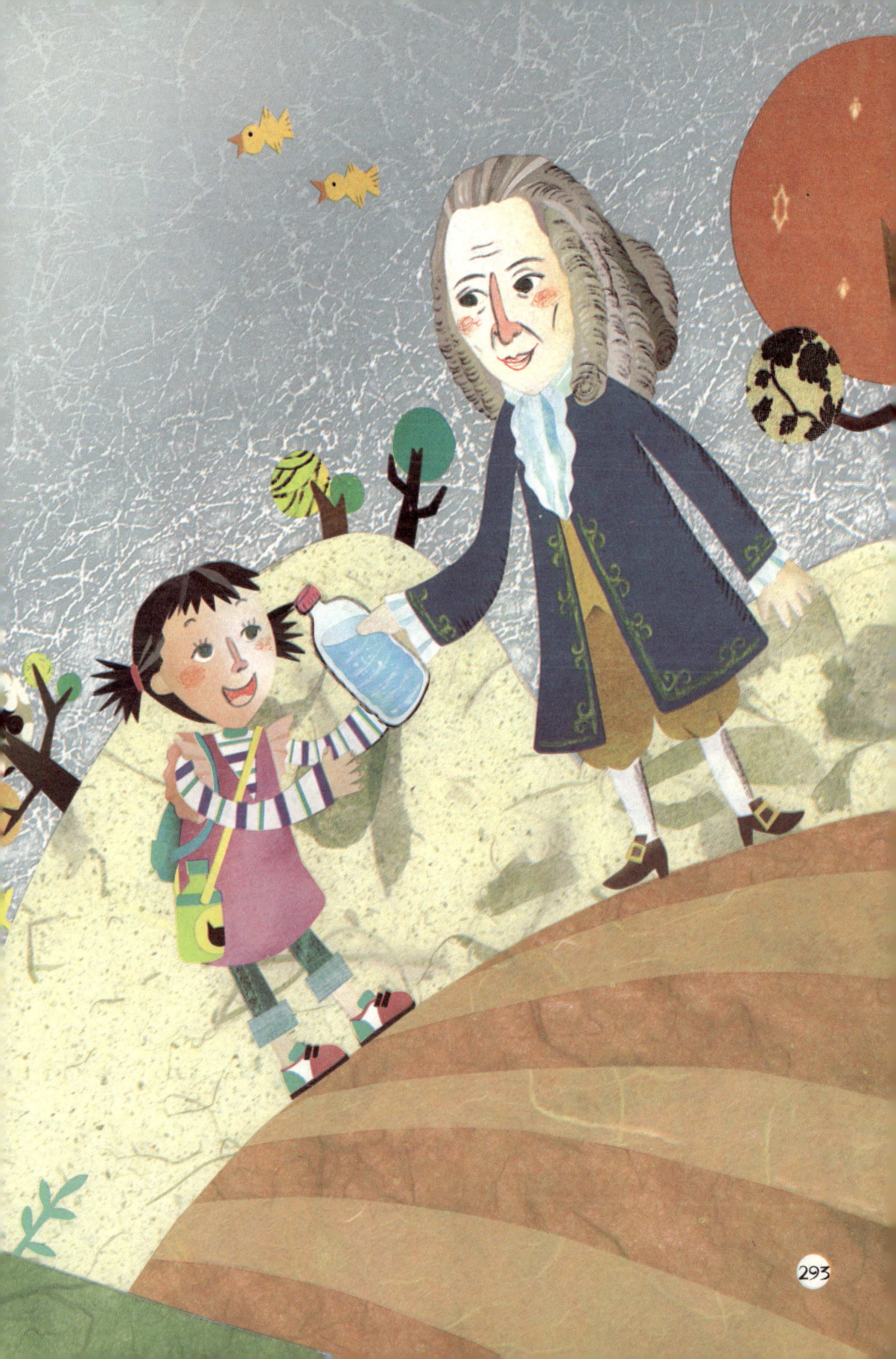

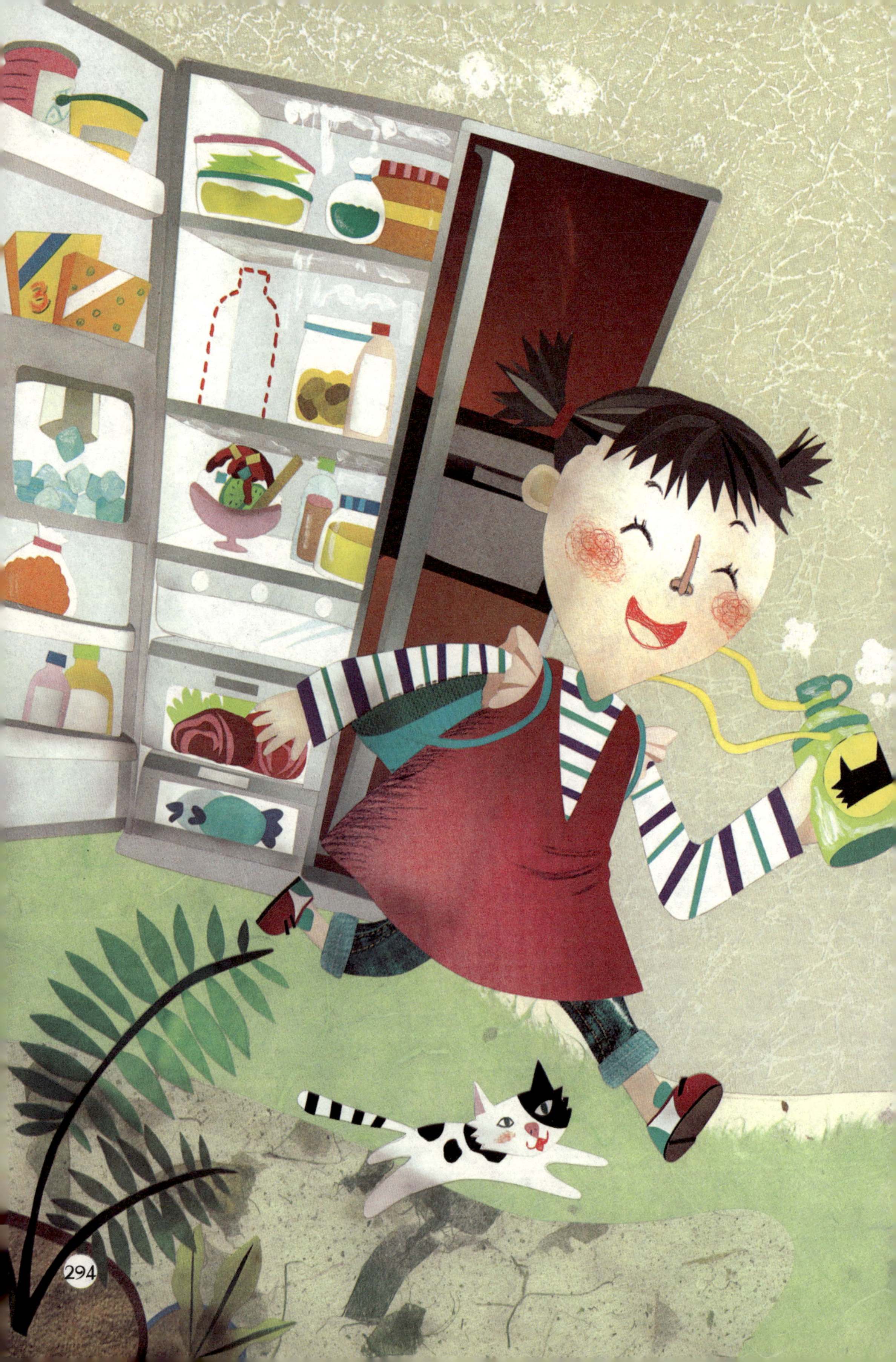

摄尔修斯博士问正在爬山的榕榕:"榕榕,你为什么要带冰镇过的水来爬山呢?"

"天气这么热,如果带凉水,水很快就会变成温水,而冰镇过的水化得很慢,再过很长时间,我也能喝到冰凉的水。"

"那你知道凉水为什么会变成温水吗?"

"嗯,是不是因为我们把冰水从冰冷的冰箱里拿出来,放到暖和的地方了?"

"是的,真聪明。我们把冰水从冰箱里拿出来,放到温暖的地方,温度升高了,冰水就变成了温水。"

"温度升高？"

"榕榕知道什么是温度吗？"

榕榕答不上来，摇了摇头。

"温度是用来表明冷热程度的一种计量单位。冷的物体温度低，热的物体温度高。所以冰的温度低，热咖啡温度高。

"刚从冰箱里拿出来的冷水虽然温度低，但将它长时间放在外面温热的环境里，温度也会升高，最后变成温水。"

"那么温水比冷水温度高了？"

"是的。"

知识加油站

皮肤能感知到温度

皮肤能感受到很多种外部刺激,其中对疼痛的感知是最敏感也是最发达的,通过感知疼痛,我们才能有效地保护身体的安全。

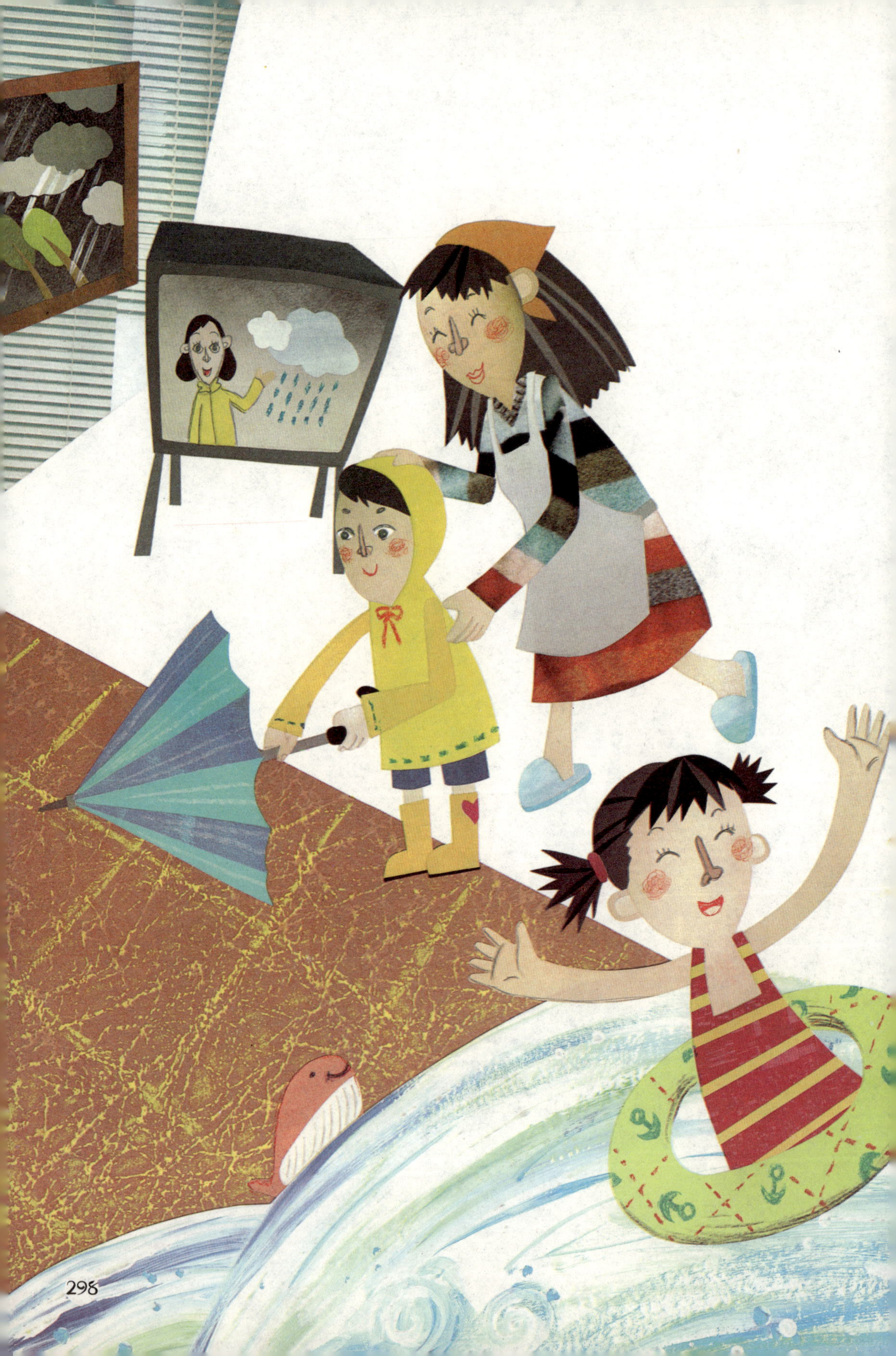

"温度与我们的生活息息相关。我们每天都可以从电视或报纸上了解到当天的气温，并且根据预报的气温来增减衣服，制定旅行计划。"

"博士，气温是什么？"

"气温是表示空气冷热程度的数字。气温高，天气热。气温低，天气冷。"

"我知道了，夏天温度高，冬天温度低。"

"是这样的，通常我们知道了气温，就能知道那天的天气了。"

"温度和健康相关。身体的温度叫做体温。感冒的时候我们就会发烧,体温会升高。榕榕你发过烧吗?"

"有啊!我有一次感冒了,还发了高烧。发烧的时候头疼极了,浑身没有力气,只能躺在床上休息。"

"是啊,发烧了要到医院里测体温,还要吃退烧药或者打退烧针。"

榕榕认真地听着摄尔修斯博士的话。

301

"炎热的夏季气温升高,我们的体温也会升高。体温过高有可能会损害健康。所以,人们会用风扇和空调来降温。"

"没错,我喜欢在夏天用凉水洗澡。"

"在夏天用凉水洗澡,心情会很好。可是在冷水里待的时间太长,体温降低,对身体也会造成伤害。"

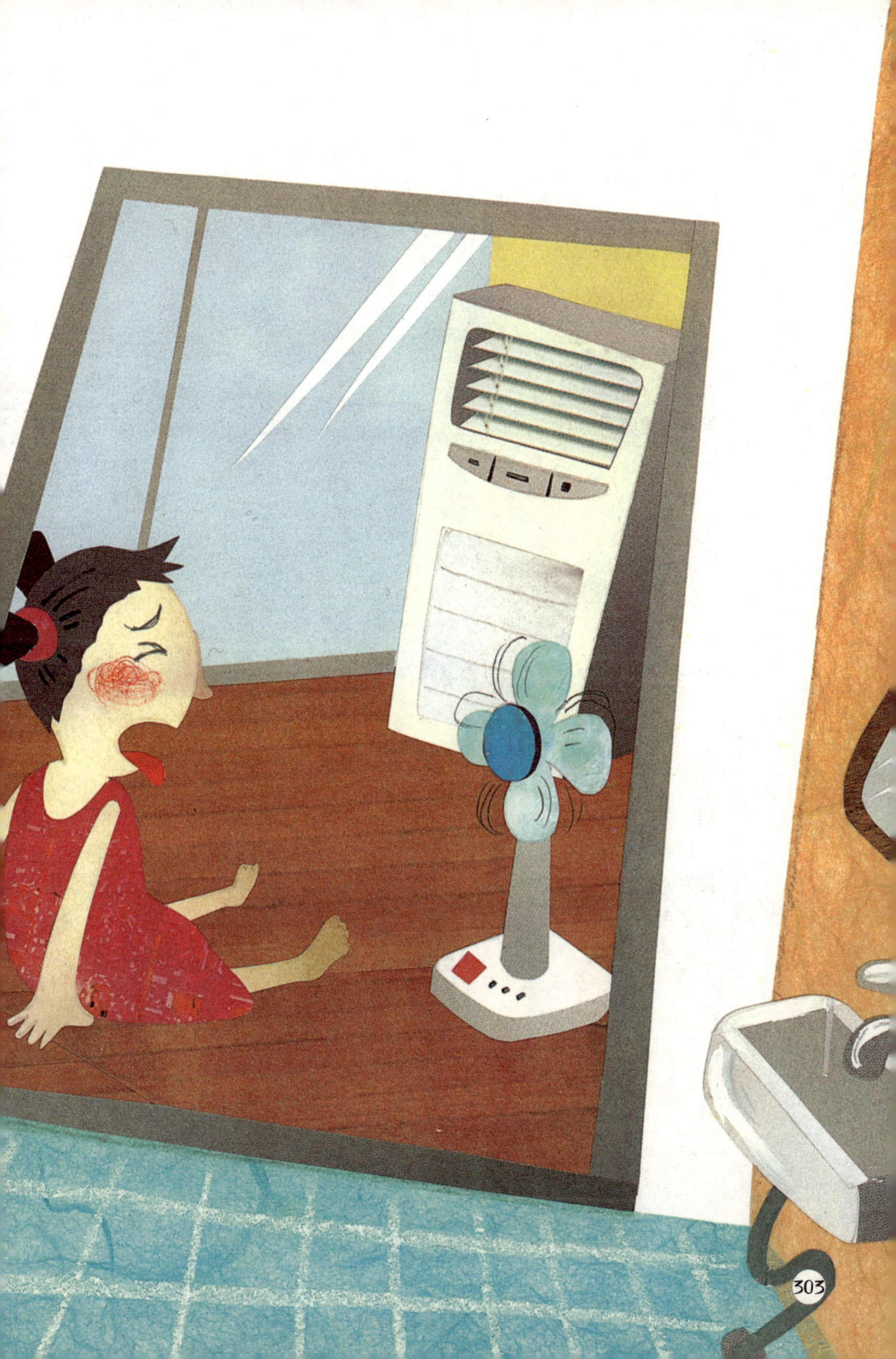

室内温度要适当

我是榕榕房间里的温度计。我能时刻掌握榕榕房间内的温度。

榕榕啊，你的房〇在太热了，冬天〇候，房间的温〇18～20摄氏度之〇合适人居住。

榕榕啊，夏天空调不能开得这么低。空调最好调至25～28摄氏度之间。

夏天

这么凉快呀，我喜欢。

冬天

不行，会冷的。

适当地调节室温有[利]于身体健康，同[时]还可以节省电力[和]石油。

啊，我浪费了这么多电力和石油,这样太不好了！

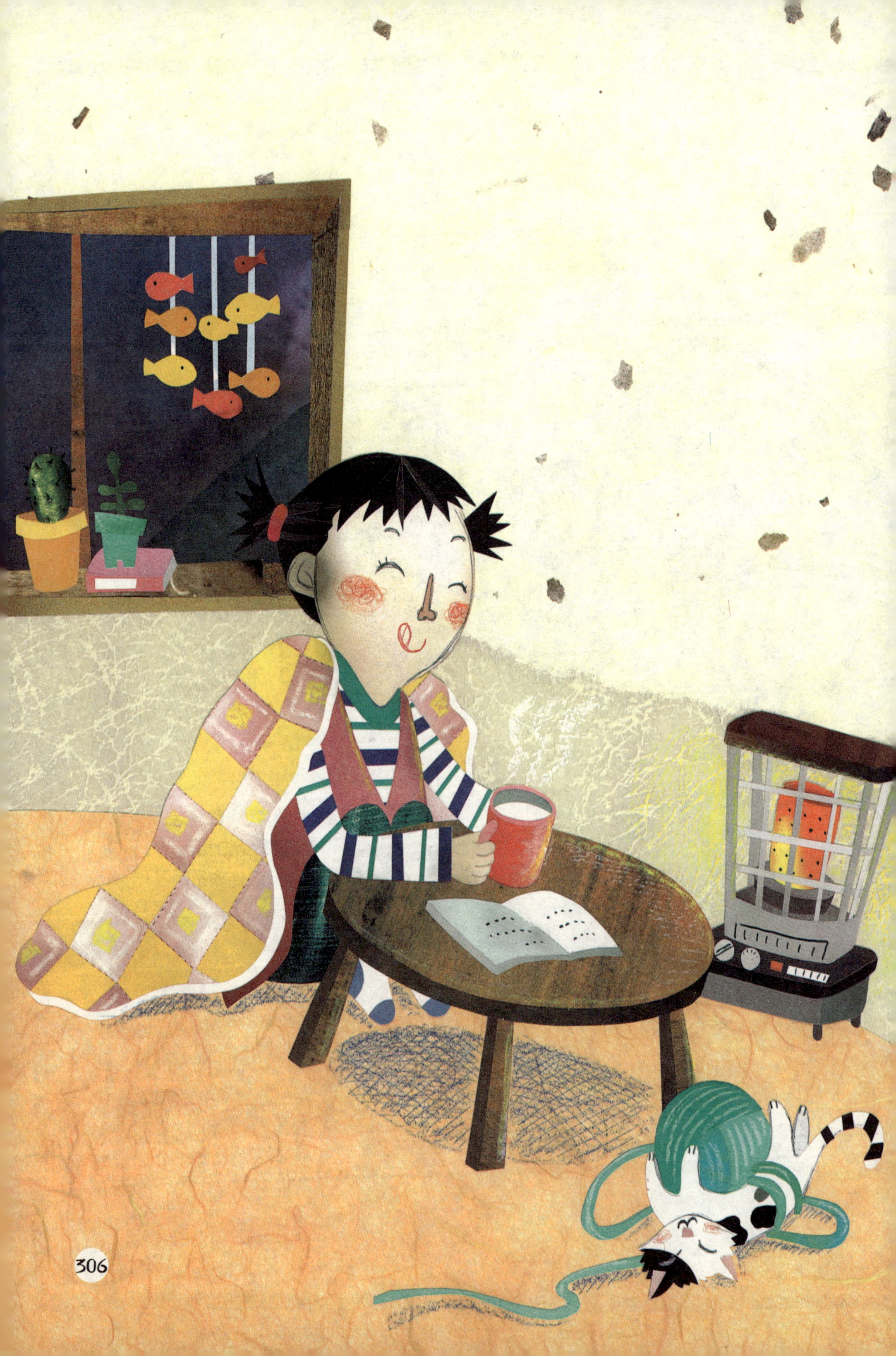

"体温过低也不好吗?"

"是啊,只有保持恒定的体温才能保持身体健康,体温太低也不利于健康,就像长时间在寒冷的地方容易感冒一样。冬天里点暖炉、开地热就是为了维持正常的体温。"

"是啊,妈妈说冬天要穿得暖和一点。"

"对啊,你要听妈妈的话,根据季节的不同来更换衣服,保持恒定的体温。"

"像人一样，我们周围也有很多需要维持一定温度的事物，比如说，饭和汤凉了就不好吃了。冰淇淋和清凉的饮料要冷了味道才好。"

"就是，冰淇淋要冻结实了才好吃呢。饮料也要从冰箱里拿出来直接喝才过瘾。"

"所以，米饭要放到保温桶里，冰淇淋和冷饮要放到冰箱里冷藏。"

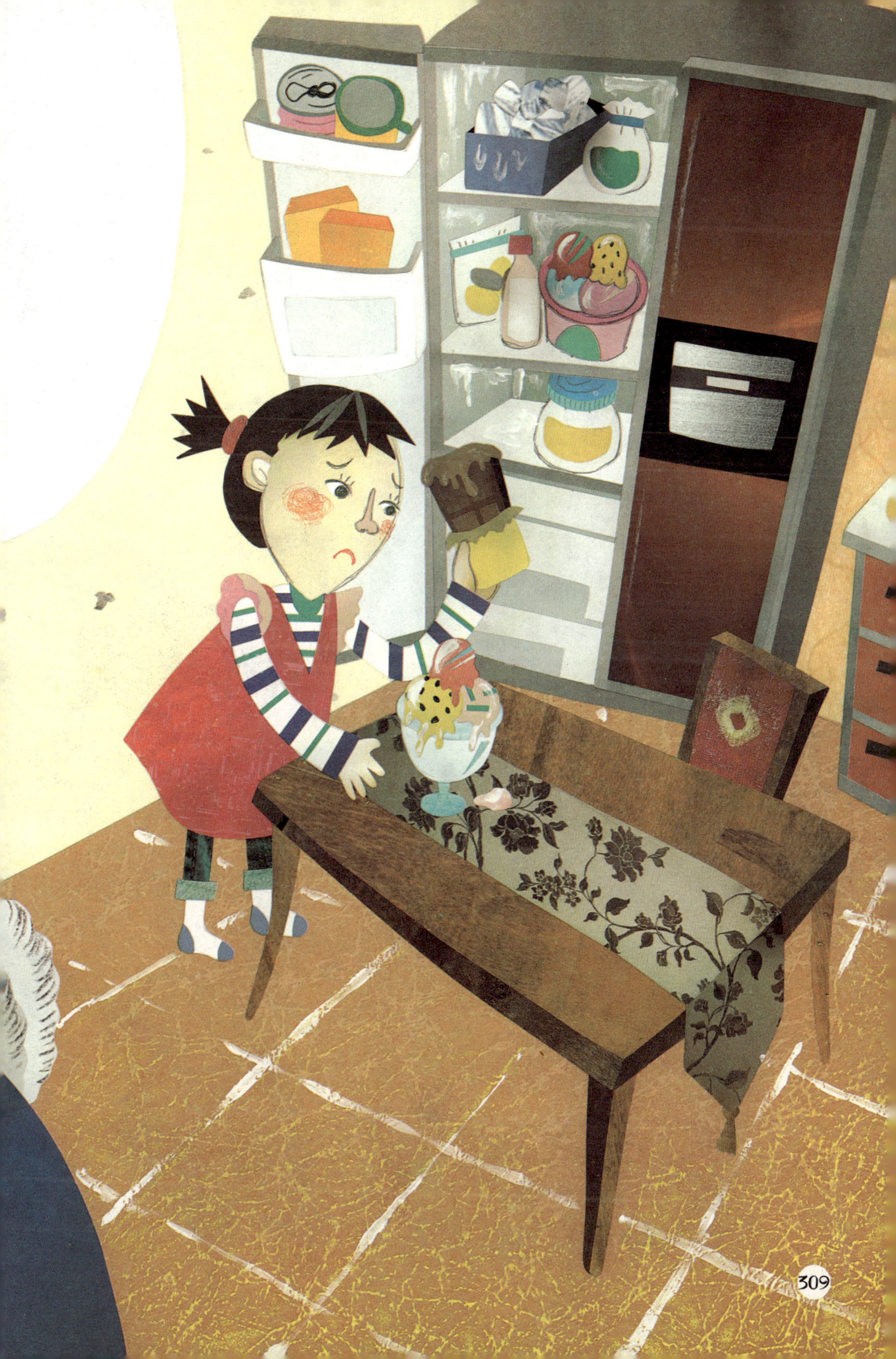

摄尔修斯博士和榕榕坐在一块岩石上休息。

"博士先生,今天天气不冷也不热。"

"是啊,真是登山的好天气!"

"但是,博士先生,我有个问题。您知道地球上最冷的地方在哪里吗?"

"在极地。地球的两端是北极和南极,那里长年得不到充足的太阳光照射,所以一直被洁白的冰雪所覆盖。"

"那最热的地方又在哪儿呢?"

"是沙漠地区。沙漠全年都受到强烈的太阳光照射,温度过高,连树木和草儿都无法生存。"

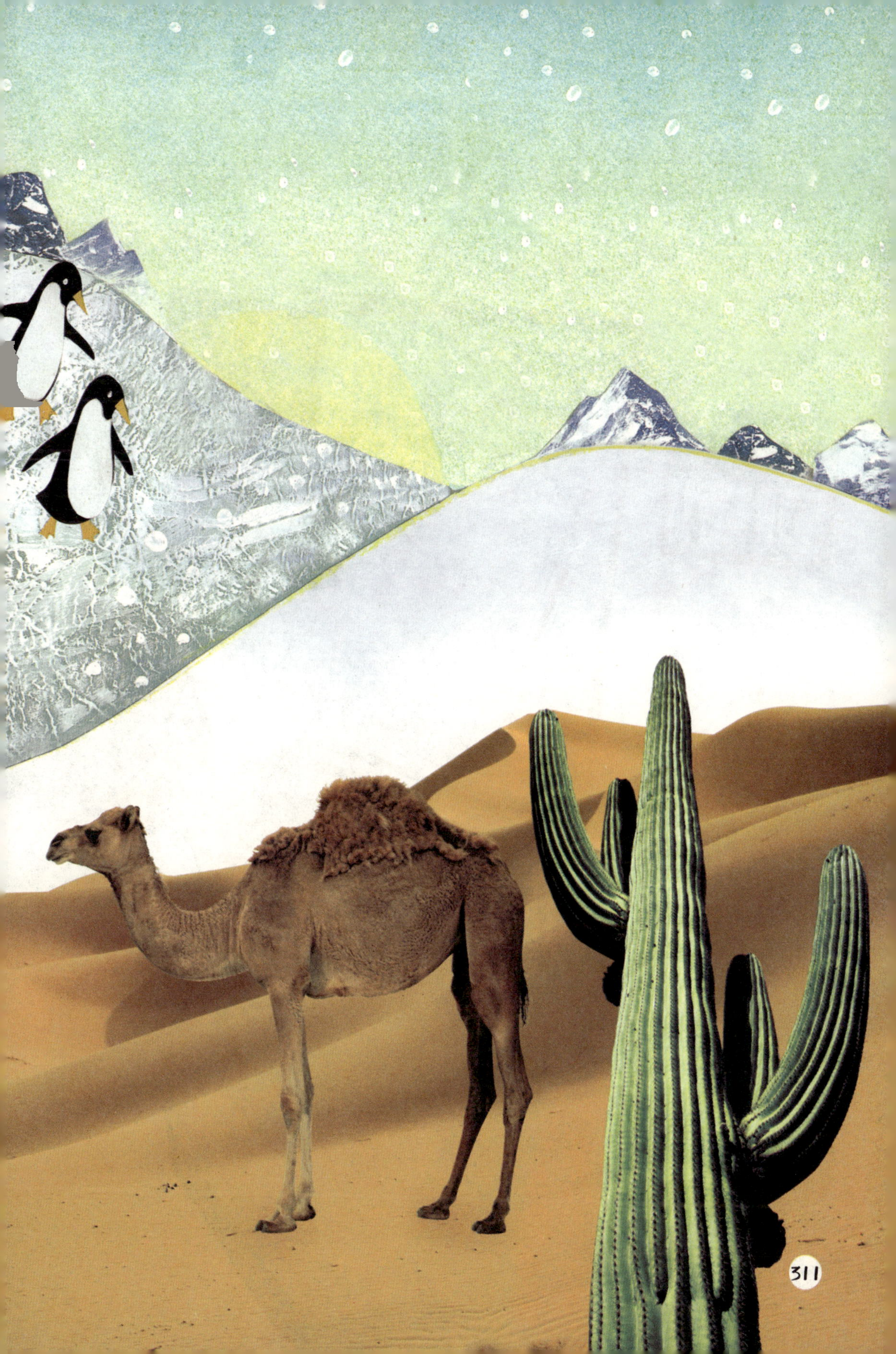

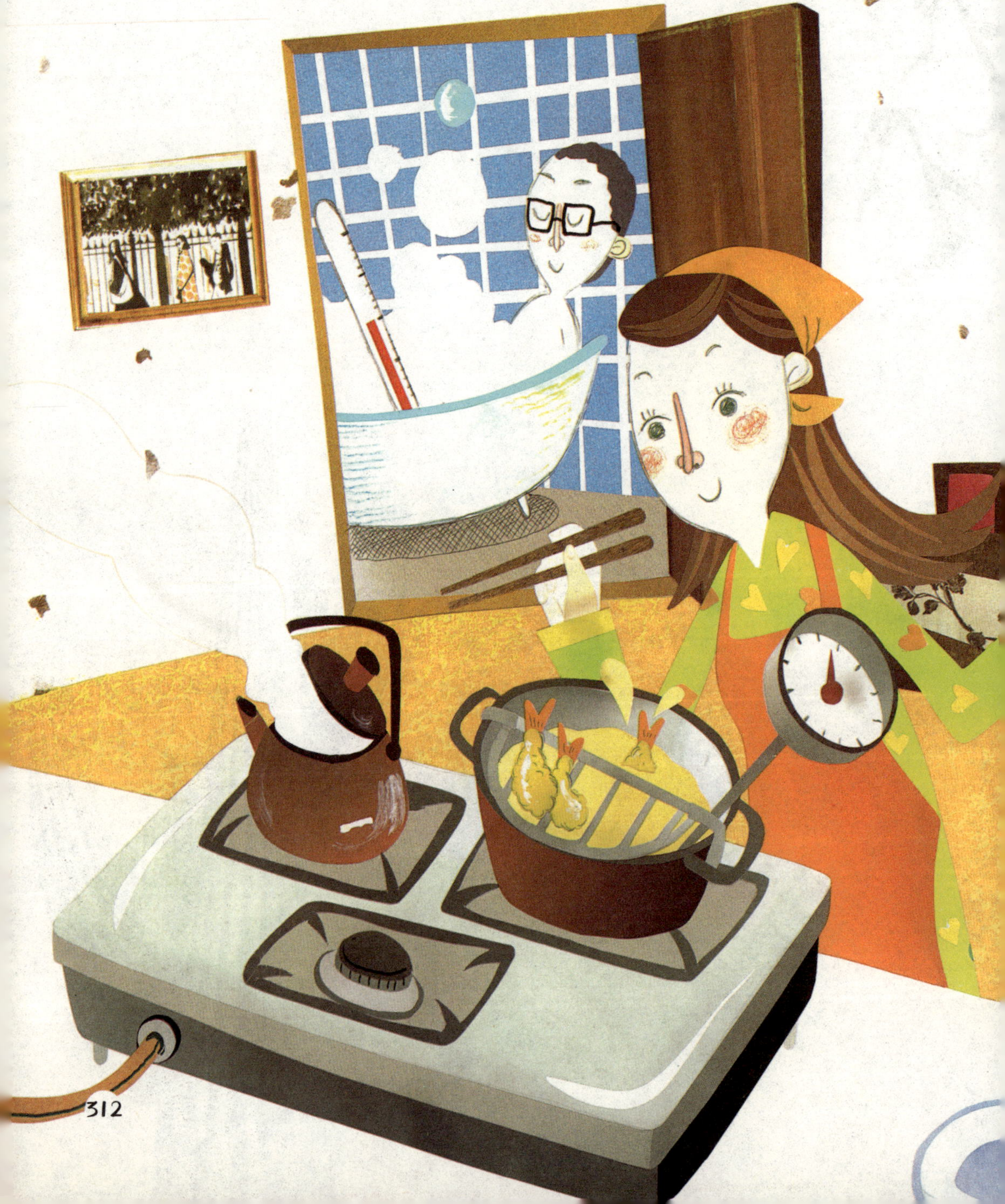

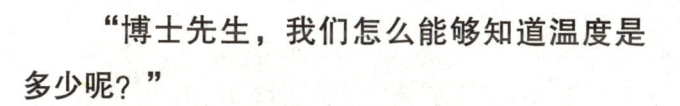

"博士先生，我们怎么能够知道温度是多少呢？"

"天气热还是冷，身体是否发烧，我们是能够感觉到的，但是，要得到确切的数值，就要使用温度计了。你可以通过温度计直接看到数值，也可以告诉别人具体的温度值。此外，我们还可以很方便地测量我们不能触碰的物体的温度。"

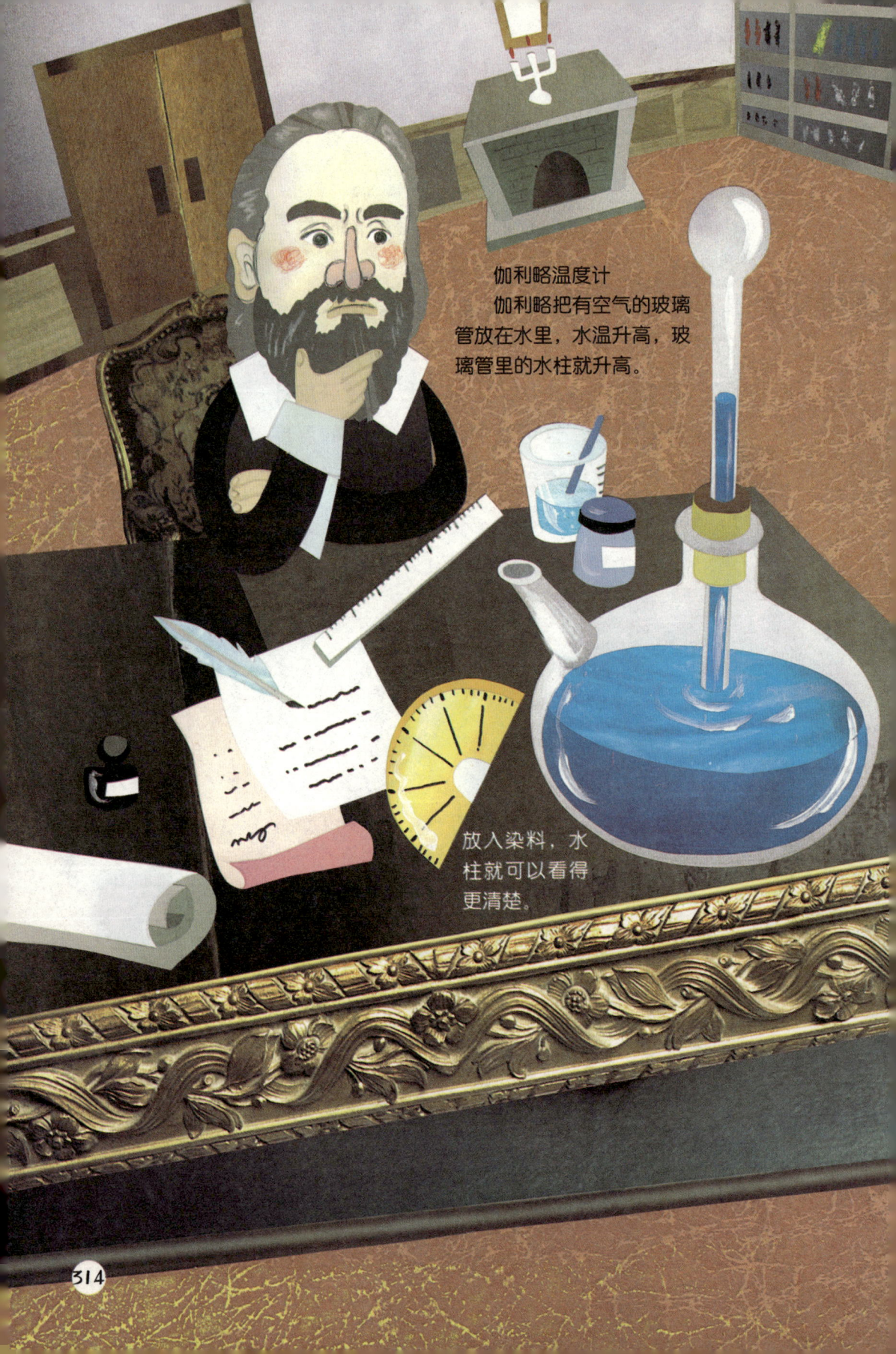

伽利略温度计
　　伽利略把有空气的玻璃管放在水里,水温升高,玻璃管里的水柱就升高。

放入染料,水柱就可以看得更清楚。

"博士先生，最早发明温度计的人是谁？"

"意大利科学家伽利略发明了第一支温度计。他利用了空气温度升高，体积变大，气温下降，体积变小的性质，制作了空气温度计。"

"我们现在还使用空气温度计吗？"

"空气温度计感知速度慢，不能准确地测量温度，我们现在已经不用了。"

"没有了空气温度计，我们该怎么办呢？"

"后来，又有科学家发明了能更精确地测量温度的水银温度计和酒精温度计。酒精和水银能很快地感知到温度的变化，准确地测量温度。"

酒精温度计

水银温度计

大刻度代表10摄氏度

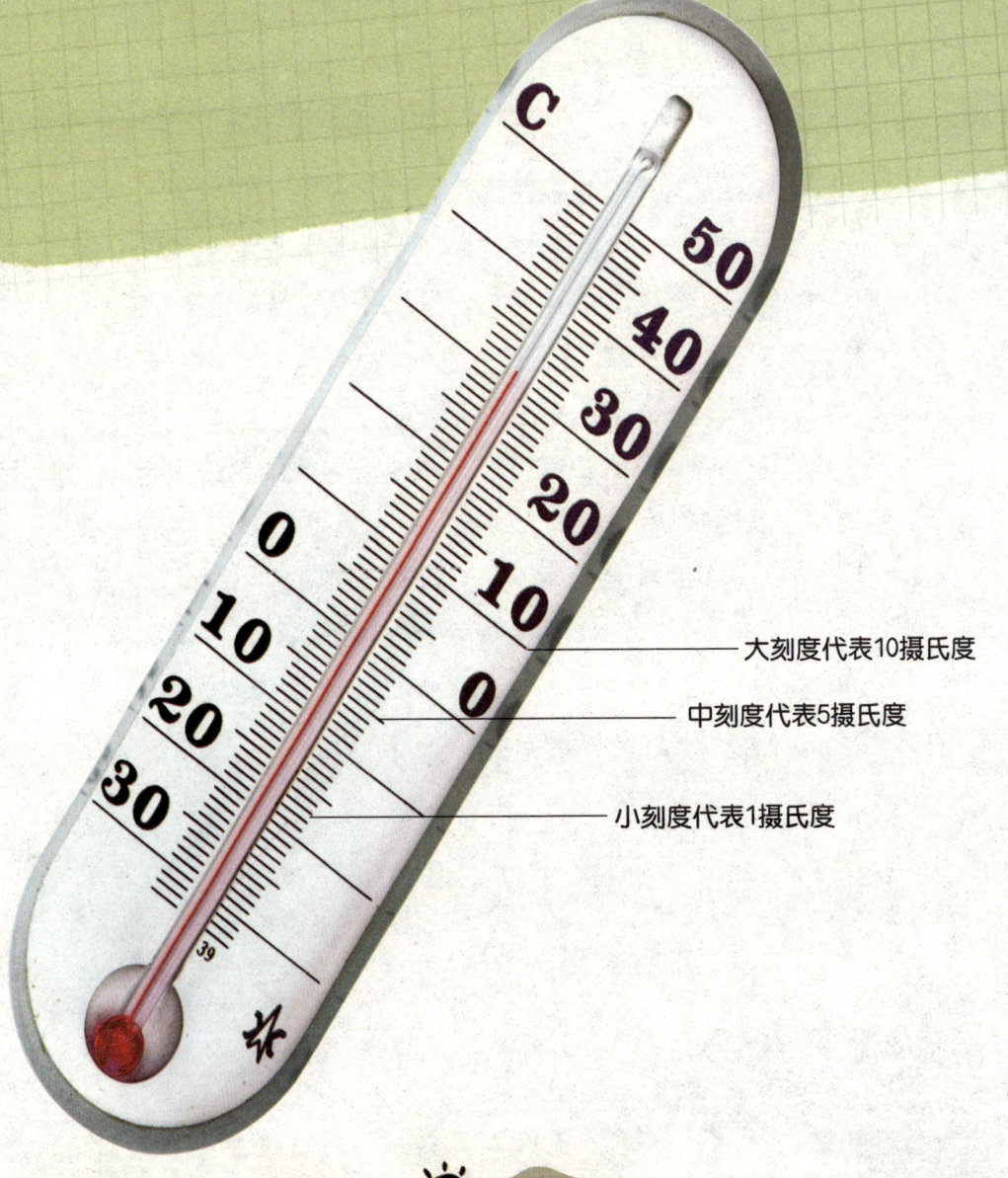

中刻度代表5摄氏度

小刻度代表1摄氏度

知识加油站

我们已经习惯了使用摄氏度作为温度的单位

摄氏温度把水结冰的温度定为0摄氏度，把水沸腾的温度定为100摄氏度，将它们之间划分成100个刻度，摄氏温度用"℃"来表示。华氏温度把水结冰的温度定义为华氏32度，把水沸腾的温度定义为华氏212度，将这两者之间划分为180个刻度，华氏温度用"℉"表示。

"要知道温度，就要知道如何读温度计的刻度。榕榕，你会读温度计的刻度吗？"

"不会，这么多条条道道，我实在看不明白。"

"普通的摄氏温度计，是按照水沸腾的100摄氏度和水结冰的0摄氏度来做的。温度计以刻度0为界，分为零上和零下。比0摄氏度高的叫零上，比0摄氏度低的叫零下。读温度计的时候，首先要知道温度计的刻度大小，并且要在红色液体柱稳定后再读数值。"

红外温度计
通过测量发热的物体发射出红外线的强度，就能知道物体的温度。

休息了一会儿之后，摄尔修斯博士说："现在随着科学技术的发达，市场上出现了很多种温度计。有把针插到物体里，温度就以数字的形式显示出来的温度计。还有根据物体温度的变化而变色的温度计。把温度计插到耳朵眼里，就能测出体温的体温计。嗯，还有用来测量从物体表面发出的光和热的温度计。把铜板和铁板接起来的温度计，如果温度升高的话，指针就往铜板那一边转动，以便切断机器或设备电源，防止温度进一步升高。别看温度计的种类很多，它们测出的温度都是一样的。"

电子温度计
把针插到要测的物体里，温度就以数字的形式显现。

数字体温计
把体温计的末端靠近耳朵，体温就以数字的形式显现出来。

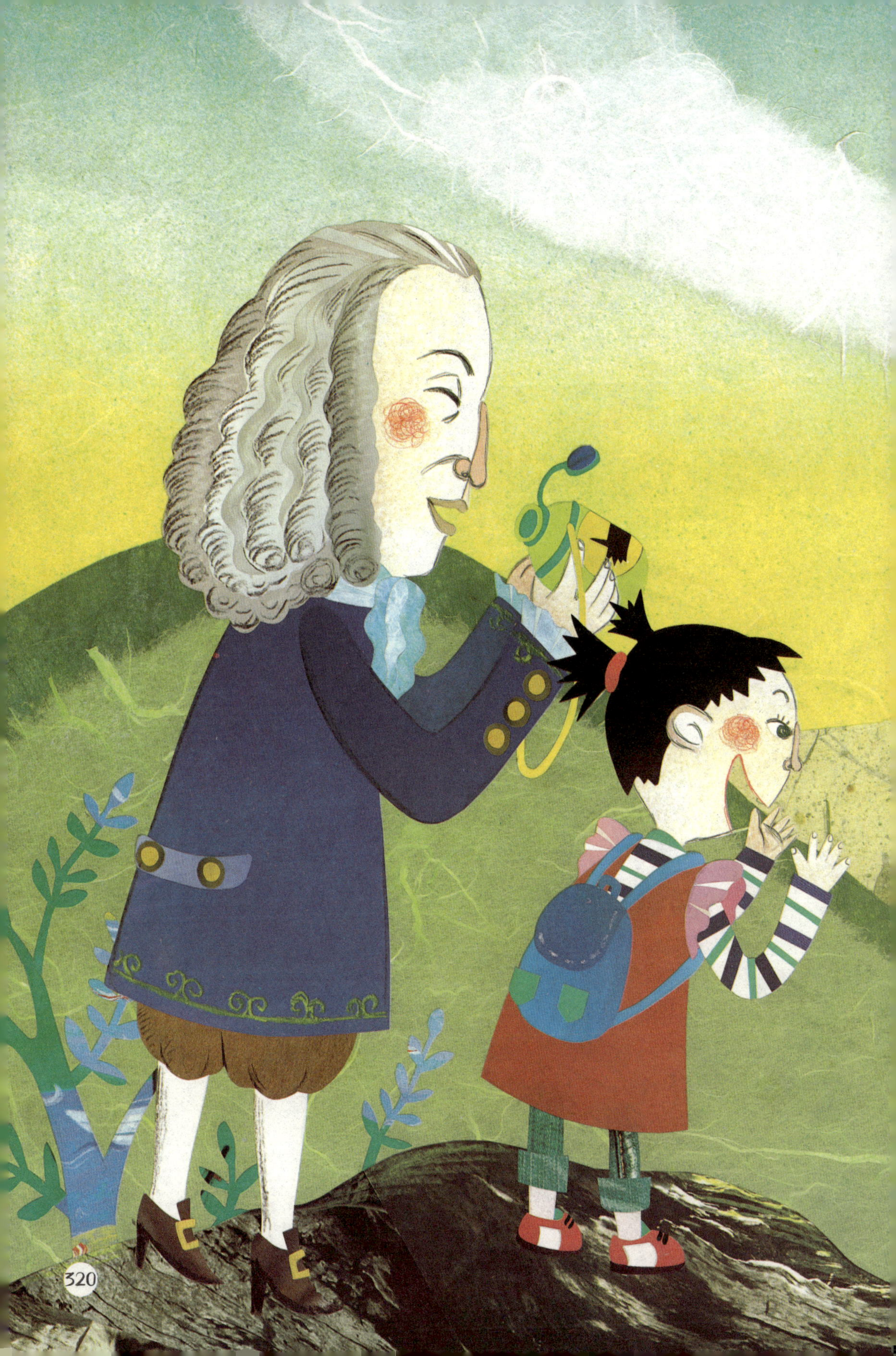

摄尔修斯博士和榕榕终于爬到了山顶,迎面吹来了一阵凉爽的风。榕榕的冰水也已经完全融化了,喝起来非常爽口。

"博士先生,冰都化了,请喝水吧。这水也是在零摄氏度的时候,开始结冰的吧?"

榕榕现在已经成了温度博士啦!榕榕和摄尔修斯博士喝着清凉的水,山间又吹来一阵凉爽的风。

阅读课

温度，让食物更美味！

食物的味道和温度是有关联的。根据食物种类的不同，想要保持食物最好的味道所需要的温度也会有所不同，比如说，冰凉的汤或是滚烫的果汁，喝起来就不那么美味了。虽然不同人对食物有着不同的需求，但是，该热的食物就要趁热吃，该凉的食物要凉着吃，这样的味道才能算是美味！我们常吃的食物想要保持最佳味道所需要的温度是多少呢？一起来了解一下吧！

饭要趁热吃才好吃

我们每天都要吃的米饭多少度最好吃呢？大家要记住喽，是65摄氏度。像蔬菜汤、排骨汤等汤类要在咕嘟咕嘟冒着泡泡，温度约为95摄氏度左右时味道最好。喝咖啡的时候，如果咖啡太烫的话就会发苦，咖啡的最佳饮用温度是85摄氏度左右。还有，要用80摄氏度左右的水泡绿茶，才能把茶香更完全地发挥出来。

冰淇淋要冰凉才好吃

　　趁凉吃的代表性食物就是冰淇淋，冰淇淋要在零下12摄氏度左右时最好吃。低于零下12摄氏度就会嚼到冰碴儿，而温度高了又很容易融化。做腌咸菜的时候，咸菜要在2~3周内，在2~7摄氏度的温度下，经过充分发酵才好吃。等到它发酵以后，需要保持在0~5摄氏度，这样才能保存得更久。我们每天都要喝的水要在10~15摄氏度时喝起来才最舒服。

最寒冷和最炎热的地方也有人类居住

中国的大部分地区四季都比较分明，但是在地球上，有的地方即使是在夏天，气温也是在零下。比如说，一年四季都非常寒冷的南极和北极，还有一年365天都炎热似火的沙漠。在非常冷或者非常热的地方，也有人类居住，他们具有独特的生活方式和文化。

北极生活着爱斯基摩人

爱斯基摩人住在用雪做成的冰屋或者土做的房子里，他们把轻柔而温暖的驯鹿皮制成衣服、鞋子和袜子来抵御严寒，他们的主要食物是海豹、白熊或鲸鱼、鲑鱼、鳟鱼等鱼类。他们利用海豹的油做油灯，加热房子。

爱斯基摩人生活在格陵兰岛、加拿大、阿拉斯加和西伯利亚等北冰洋沿岸。

沙漠里也有人居住

连植物都难以存活的沙漠占地球全部陆地的十分之一，一年的总降水量只有250毫米左右。在极度缺水的沙漠，人们居住在能找到水源的地方，或者在绿洲、江边聚居。在找到水源的时候就搭一个帐篷住在里面，在绿洲或者江边生活时，就用土筑成房子，挡住阳光的直接照射，这样一来，就凉快多了！

在沙漠出行时，人们都骑骆驼。骆驼可以很长时间不喝水，它们的鼻孔周围和耳朵周围都长着长长的毛，这些毛能遮挡风沙。

小书桌

生活和温度息息相关

现在，我们知道了温度是什么，还学习了怎样读温度计。温度和我们的生活密切相关，冰箱、暖炉、燃气烤箱、保温瓶以及熨斗，都是和温度息息相关的物品。下面，我们一起来了解一下，温度的变化会给我们的生活带来哪些影响吧。

测量温度时，不要用手拿温度计，需要在温度计末端绑上绳子，也不能向温度计哈气或者靠近嘴边。在读温度计的刻度时也要格外注意，一定要记得保持红色液体的顶端标线和视线水平。

最低的温度是零下273摄氏度

通常情况下，我们可以用眼睛看或者用手摸，来估计温度的高低，但是，冰块太凉，沸水又太烫，这种情况下，我们都无法用手去触摸，所以，我们要用温度计来测量，这样既安全又准确。

那么，世界上最低的温度是多少度呢？温度看起来好像可以无限地下降，其实不然，科学家证明，温度降到了零下273摄氏度时就会停止，不会再继续往下降。那么，最高的温度是多少呢？目前为止，科学家还没有发现最高的温度，温度是可以无休止地上升的。太阳的中心温度可以达到1500万度。由此看来，人们目前还是不能确定温度是不是可以无限地上升。

热量会转移

冬天我们的手快要冻僵了的时候，握住装有热水的杯子，手就会慢慢暖和起来。我们吃拉面的过程中，开始时拉面是热气腾腾的，慢慢地就会变凉。这些现象，都是因为热量在转移。在寒冷的冬天里，摸一摸放在室外的橡胶和铁，感觉铁比橡胶更凉，但事实上，橡胶和铁的温度是一样的。之所以感觉铁比较凉，是因为铁的热量转移速度要比橡胶快。

金属制成的锅热量的转移速度很快，所以拿热锅时，一定要用布裹住手柄。

金属的膨胀系数

把铜和铁贴在一起加热会出现什么情况呢？随着温度的升高，铜比铁膨胀得要多，因此会向铁的方向弯曲。在我们周围，有很多利用金属的这种性质制成的物品。比如说，冰箱、熨斗、电暖炉、电水壶、电褥子等，它们都是根据温度变化自动调节的电器，温度一旦上升到设定值，就会自动打开，温度一旦下降到设定值，就会自动关闭。

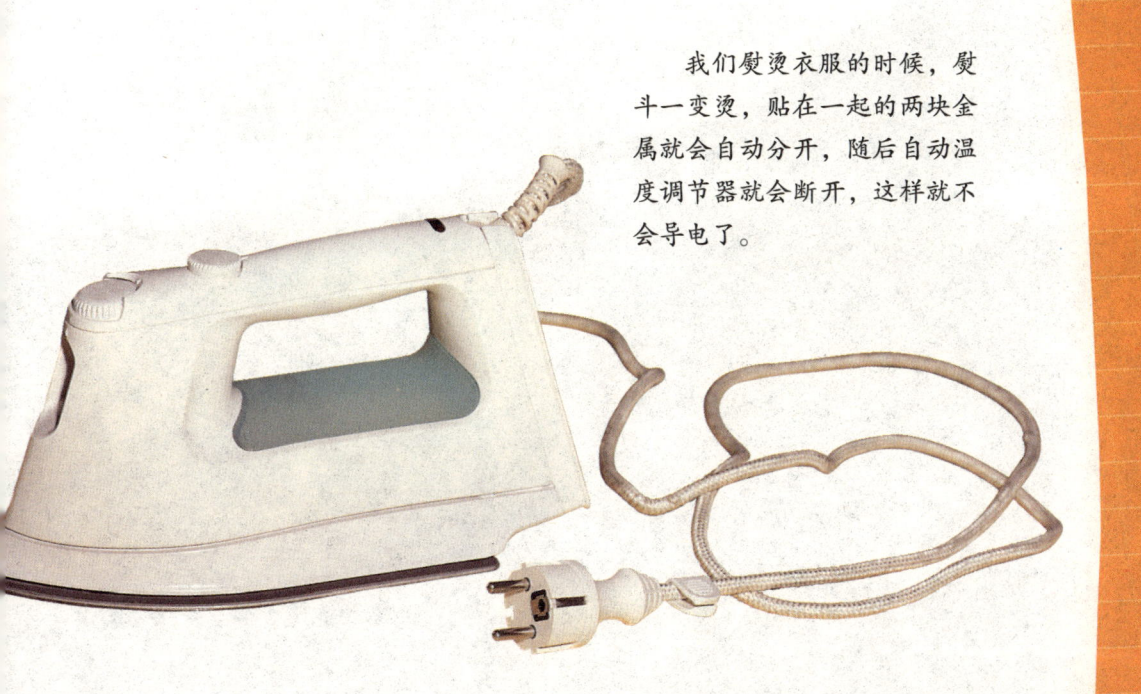

我们熨烫衣服的时候，熨斗一变烫，贴在一起的两块金属就会自动分开，随后自动温度调节器就会断开，这样就不会导电了。

春捂秋冻

俗话说,"春捂秋冻,不生杂病"。但是怎么做才可以"冻"得健康,又不会生病呢?这里面的学问可大啦!

初秋时节,气温开始下降,却并不寒冷,这时是开始"秋冻"的最佳时期,最适合耐寒锻炼,增强机体适应寒冷气候的能力。只有在夏末秋初开始"秋冻",才能自然过渡到对秋凉和冬寒的机体调节,增强人体的抗病能力,减少疾病的发生。

老年人和小朋友们抵抗能力较弱，自身调节能力相对较差，遇冷抵抗能力下降、御寒能力减弱，身体很快会发生不良反应，容易诱发急性支气管炎、肺炎等疾病，因此应注意气温变化，适当增减衣服。

老年人、小朋友们都不宜"冻"，健康人群也一定要注意"冻"得适度。

在春捂秋冻的"非常"时期，人们需要在衣、食、住、行方面多加注意，掌握正确的养生之道。

第一，应注意加强体育锻炼，提高身体素质。

第二，如果有条件，可以选择利于出行的天气，和家人去郊外旅游踏青，置身于大自然的怀抱之中，有利于身心健康。

第三，保持良好、乐观的心态。

变温动物

体温随着外界温度改变而改变的动物,叫做变温动物,如鱼、蛙、蛇等。变温动物又称冷血动物,地球上的动物大部分都是变温动物。变温动物缺乏维持一定体温的生理机能,比如完善的心脏,所以不能直接地控制自己的体温,只能寻找凉爽或温暖的环境来改变自身体温。

1. 变温动物的习性

变温动物没有体内调温系统,自身体内不能保持恒定体温,要通过照射太阳等方式来保持体温,或者用行动来调节体温,所以变温动物一般不在夜间活动。

2、变温动物调温的方法

蛇在石头上晒太阳。

鱼在水中换到不同的深度。

沙漠动物白天埋在沙里。

昆虫扇动翅膀，温暖它们飞行用的肌肉。

3、人们对变温动物的认识误区

我们人类常常把热血动物称为感情动物，而把变温动物都想象成冷酷杀手，其实这是没有任何道理的。

我们主观地认为，血热心也热，好像心热了就会有感情。有没有感情跟血液温度没有太大关系，而且变温动物的血并不是冷的，只是它们的血液温度会随着外界温度的变化而发生变化。

鱼类在生物学意义上属于变温动物，但是养过热带鱼的人都知道，斗鱼、七彩神仙都会小心呵护它们的后代，丝毫不比人类照顾后代的行为逊色。

所以，我们一定要记住，动物有没有感情，并不是根据它们是不是变温动物来区分的哦。

实验室

温度计是用什么原理制成的？

伽利略利用空气热胀冷缩的原理制作了空气温度计。之后，科学家又利用水银和酒精热导率大、比热容小、膨胀系数均匀的特性，制作出了水银温度计和酒精温度计。那么，我们也试着利用周围容易获得的材料，自己动手做一个温度计吧。

请准备下列物品：

滴管　玻璃棒　烧杯　橡皮泥　酸奶瓶　颜料　铅笔　白纸　冷水　热水

一起来动手：

1.在烧杯中倒入水，加入红色的颜料并搅拌，调制成深红色的水。

2.用滴管把深红色的颜料水滴入酸奶瓶中，这样，酸奶也变成红色的了。

3.把玻璃棒插到酸奶瓶中，用橡皮泥把酸奶瓶口封严。

4.把白纸贴在玻璃棒的一侧，以便于观测红色的酸奶液柱。接下来，把酸奶瓶先放入热水杯，再放入冷水杯中，仔细观察玻璃棒中的红色酸奶液柱。

① 在烧杯中倒入水,加入红色的颜料并搅拌,调制成深红色的水。

② 用滴管把深红色的颜料水滴入酸奶瓶中,这样,酸奶也变成红色的了。

③ 把玻璃棒插到酸奶瓶中,用橡皮泥把酸奶瓶口封严。

④ 把白纸贴在玻璃棒的一侧,以便于观测红色的酸奶液柱。接下来,把酸奶瓶先放入热水杯,再放入冷水杯中,仔细观察玻璃棒中的红色酸奶液柱。

335

实验结果：

当插有玻璃棒的酸奶瓶放入热水杯时，红色的酸奶会顺着玻璃棒向上移动，把酸奶瓶放入冷水中时，红色的酸奶也会顺着玻璃棒向上移动，但上升速度较为缓慢，没有在热水杯中升得快，上升的高度也没有热水杯中高。

为什么会这样？

与放入冷水杯中相比较而言，把酸奶瓶放入热水杯时，红色的酸奶会顺着玻璃棒升得更高。为什么会这样呢？这是因为根据热胀冷缩的原理，放酸奶瓶的水温越高，它的热量就会越大，酸奶就会膨胀得越多，所以，我们可以根据玻璃棒中红色酸奶的高度来判断温度。

图画科学馆

💡 **物理**
- 01 爱因斯坦讲速度
- 02 莱特兄弟讲升力
- 03 阿基米德讲浮力
- 04 牛顿讲万有引力
- 05 法拉第讲摩擦力
- 06 伏特讲电灯
- 07 瓦特讲能量

化学
- 08 居里夫人讲物质
- 09 拉瓦锡讲火
- 10 卡文迪什讲水
- 11 路易斯讲酸碱
- 12 道尔顿讲原子
- 13 托里拆利讲空气
- 14 摄尔修斯讲温度

⭐ **生物**
- 15 霍普金斯讲维生素
- 16 胡克讲细胞
- 17 卡尔文讲光合作用
- 18 巴甫洛夫讲感觉
- 19 巴斯德讲微生物
- 20 孟德尔讲遗传
- 21 达尔文讲进化论

地理
- 22 哥白尼讲地球
- 23 库克讲大海
- 24 伽利略讲月球
- 25 蒲福讲自然灾害
- 26 魏格纳讲火山
- 27 开普勒讲太阳系
- 28 霍金讲宇宙

今天我读了……

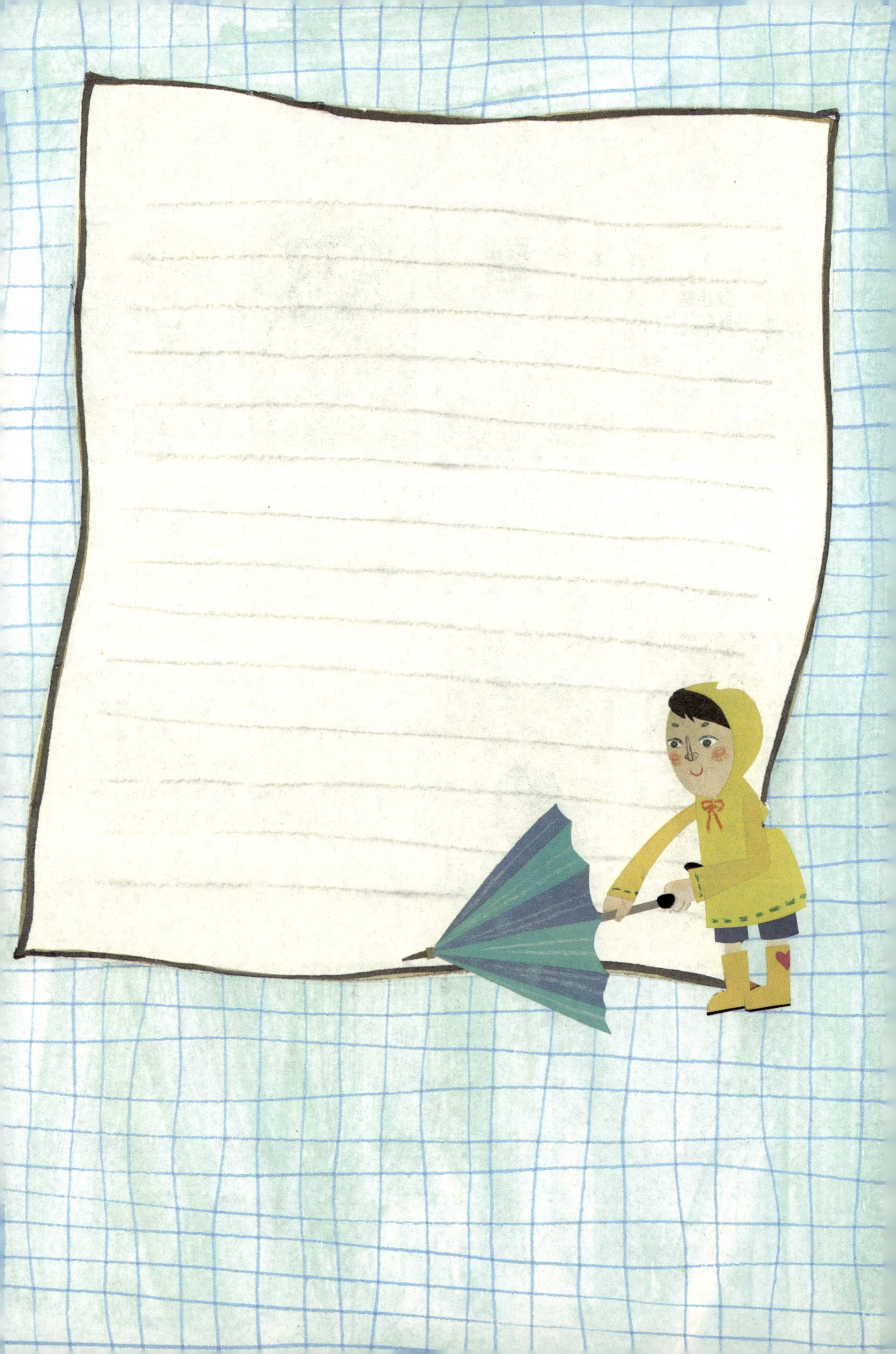

·推·荐·阅·读·

小学生实用成长小说系列

《小学生实用成长小说》系列旨在让小朋友养成爱学习、爱读书、善计划、懂节约的好习惯。每个孩子都具有自我成长的潜能,爱孩子就给他们自我成长的机会吧!让有趣的故事陪伴孩子一路思考,在欢笑中成长!

长大不容易——小鬼历险记系列

《长大不容易——小鬼历险记》系列讲述了淘气鬼闹闹从猫头鹰王国得到魔法斗篷,历尽千难万险,医治爸爸和拯救妈妈的故事。故事情节惊险刺激、引人入胜,能让小朋友充分拓展想象力,同时学到很多关于人体的知识。

小学生百科全书系列

《小学生百科全书》一套共有五册,分别为数学,美术、音乐、体育,科学,文化,世界史。内容生动活泼、丰富多样,并配有彩色插图,通俗易通,让小学生在阅读的过程中,既能吸收丰富的各类知识,又能得到无限的乐趣。

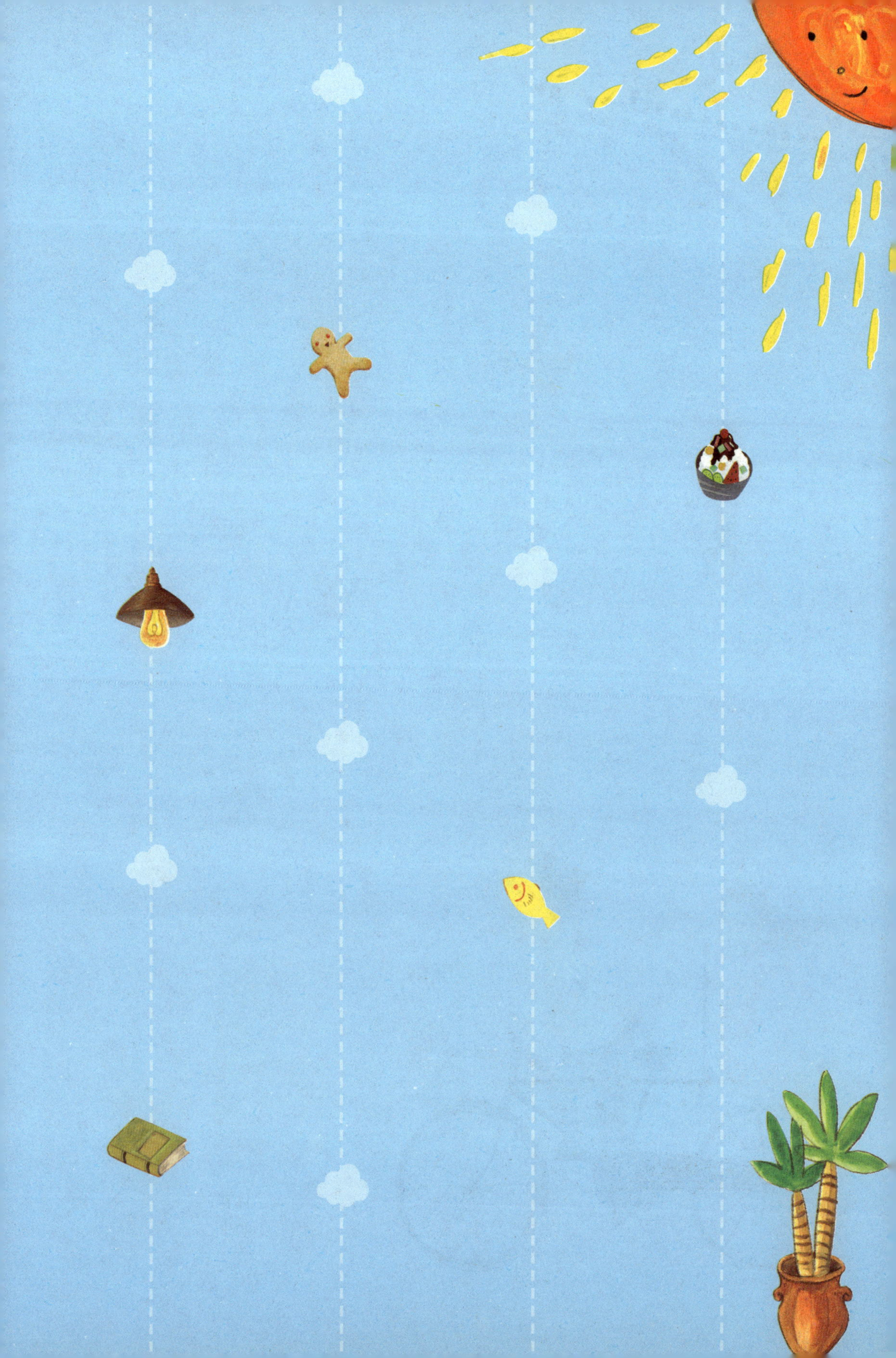